Le facteur émotionnel
au cœur de la cybersécurité

Psycho - logiques

Collection fondée par Philippe Brenot

et dirigée par Joël Bernat

Sans exclusives ni frontières, les logiques président au fonctionnement psychique comme à la vie relationnelle. Toutes les pratiques, toutes les écoles ont leur place dans Psycho - logiques.

Dernières parutions

Vicky CUKIERMAN, *Les troubles du langage dans la schizophrénie. Recherches actuelles et stratégies thérapeutiques*, 2022.

Patrick Ange RAOULT, *L'adolescent et ses troubles, Guide clinique et psychopathologique*, 2022.

Nicolas SAJUS DE COCCOLA, *De la maltraitance à la résilience. Le désespoir dépassé*, 2022.

Thierry NUSSBERGER (dir.), *Les chemins psy. Du symptôme au style,* 2022.

Jean-Paul MWENGE NGOIE, *La dépression chez les jeunes migrants subsahariens*, 2021.

Annick BERNABÉO & Benoit MARSAULT, *La psychose en résidence, Hébergement et psychothérapie*, 2021.

Loïc LEROUGE (dir.), *La numérisation du travail, Enjeux juridiques et sociaux en santé au travail,* 2021.

Clément RIZET, *Etudiants en souffrance psychique. Une jeunesse déboussolée*, 2021.

Dominique RENIERS et Célia VAZ-CERNIGLIA, *Approche psychologique de la crise et de l'urgence dans le contemporain,* 2021.

Catherine DE LA PRESLE, *La méthode des 3i pour les enfants à troubles du spectre autistique. Un éveil par le jeu, une nouvelle chance de développement*, 2021.

Cyrille COELHO

Le facteur émotionnel au cœur de la cybersécurité

Ingénierie sociale
Facteur émotionnel
Organisation

L'Harmattan

5-7, rue de l'École-Polytechnique, 75005 Paris

www.editions-harmattan.fr

ISBN : 978-2-14-025788-9
EAN : 9782140257889

AVANT-PROPOS

Selon l'enquête « CESIN-OpinionWay », plus d'une entreprise sur deux déclare avoir vécu entre une et trois attaques cyber au cours de l'année 2021. Dans ce contexte virulent, la croyance généralisée que la cybersécurité est avant tout une affaire d'informatique ou d'experts techniques, accentue la mystification, la contrainte et la fracture d'une numérisation sécurisée. Les solutions techniques, organisationnelles et les sensibilisations ne sont pas suffisantes, il est important et urgent de comprendre quels sont les véritables leviers utilisés par les pirates pour vous manipuler, monter en « droits », cartographier, et attaquer votre système d'information.

Le facteur humain est le maillon important, et la maturité émotionnelle est la composante essentielle de ce facteur.

Ce livre est destiné à vous interroger, à explorer un domaine novateur à ressentir quels sont les liens entre : les émotions et la construction des individus ; la maturité émotionnelle et les cyber-attaques. Il s'appuie sur de vraies expériences, sur les dernières découvertes rapprochant la neurologie et la psychologie. La concrétisation de ce livre émane d'un processus d'individuation que je vis depuis 10 ans, des cours et des conférences que j'anime dans les entreprises et universités.

Vous y trouverez des outils à développer en fonction des contextes, des briques pour construire un pare-feu humain, faire vivre une cartographie comportementale, améliorer les appréciations de risques, gérer les conflits, engager vos collaborateurs dans la cybersécurité, prendre en compte les états émotionnels ou les profils des individus afin de détecter une attaque invisible techniquement, et mieux s'y préparer.

Ce livre n'est que le fruit de mon expérience et de mes recherches, il ne représente en rien une vérité absolue.

Éloigné de toutes certitudes et appréciant de plus en plus la présence de mon imperfection, je vous invite maintenant à susciter votre propre curiosité, à mobiliser votre intuition et votre capacité d'introspection.

 : Lorsque vous trouverez ce symbole, il vous sera possible d'approfondir le sujet en lisant le paragraphe associé via l'index situé en fin de cet ouvrage.

Table des matières

Une cyber-attaque est avant tout :
Un groupe d'humains qui attaque un autre groupe d'humains, d'où l'importance du facteur émotionnel.

I. ATTAQUES ET VULNERABILITES : COMPRENDRE LE LIEN ENTRE LE FACTEUR EMOTIONNEL ET LA CYBERSECURITE.

Les émotions en ingénierie sociale

Près de 80 % des attaques en cybersécurité commencent par une action ciblant l'humain, elles sont souvent portées selon les étapes de la « cyber-kill-chain », de la boucle « OODA » et plus particulièrement par de l'ingénierie sociale. Voici ci-dessous la répartition concernant les principaux acteurs menaçant la cybersécurité. Nous constatons que la majorité des acteurs menaçants ne viennent pas de l'extérieur d'une organisation, mais de l'intérieur.

Digital Études *du 29 octobre au 30 novembre 2018 auprès de 205 dirigeants de l'industrie / Baromètre 2019 Sylob*

Quels acteurs pourraient avoir un impact négatif en matière de cybersécurité.

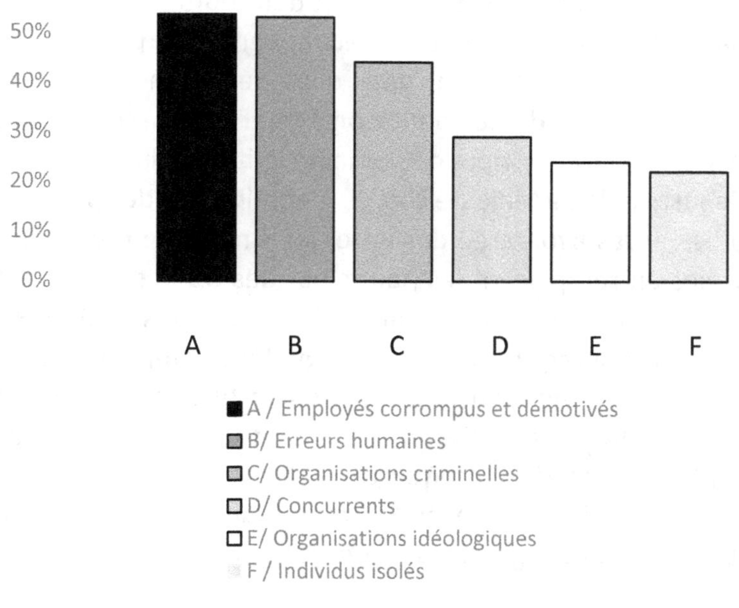

QUAND L'USURPATION RIME AVEC L'ÉMOTION

Afin d'imager le lien existant entre usurpation et émotion, prenons un exemple connu de falsification, le cas « Neil Moore ». Pour s'évader d'une prison de haute sécurité de Wandsworth à Londres, Neil Moore a dupé ses geôliers en rédigeant sa propre lettre de libération sous caution, cela afin de sortir le plus naturellement du monde par la grande porte. En détention provisoire et inculpé pour usurpation d'identité, il s'est fait passer pour un employé du service antifraude d'une banque, dans le but de duper plusieurs entreprises britanniques et américaines, ce qui lui a permis de récolter plus de 2,4 millions d'euros. La fraude a duré plus d'une année. Au téléphone, Neil Moore se faisait parfois passer pour une femme. Le jeune homme piégeait ses victimes en leur faisant croire que leurs comptes avaient été piratés ; il en profitait alors pour leur demander leurs coordonnées bancaires. Pour parvenir à s'échapper de la prison, Neil Moore n'a eu besoin que d'un téléphone récupéré illégalement et d'une connexion à Internet. Il a commencé par enregistrer un nom de domaine imitant celui de la Cour de justice de Sa Majesté chargé d'administrer des prisons ; puis, après avoir créé des adresses « mails » proches des vraies en remplaçant les points par des traits d'union, il a envoyé un courriel exigeant la libération sous caution du détenu Neil Moore (lui-même). Quelque temps plus tard, les gardiens viennent dans sa cellule et l'accompagnent jusqu'à la sortie. Ce n'est pas tant le niveau de sophistication de l'attaque qui est important, mais bien l'influence des croyances (admettre quelque chose pour vrai), des biais cognitifs, des profils comportementaux, des émotions et de la modification d'une chaine de délivrance documentaire (Attaque au processus).

Selon le résultat de l'enquête CESIN-OpinionWay émise en janvier 2022, les conséquences des attaques sont réparties de manière suivante :

32% pour l'usurpation d'identité
30% pour les vols de données
23% pour les données chiffrées par un ransomware
22% pour les dénis de services (pas d'accès au service)
15% pour les infections par malwares
14% pour les transactions frauduleuses
12% pour les détournements de domaine
9% pour les altérations ou effacement de données
9% pour les infections par un botnet
8% pour les extorsions
8% pour le cyber-espionnage économique et industriel
7% pour les données exfiltrées par un ransomware
...

L'un des biais utilisés lors de cette usurpation est celui de l'attention sélective, cela consiste à porter attention aux « stimulis » pertinents pour mener à bien une tâche et à ignorer ceux qui ne le sont pas.

Même si le cerveau humain peut traiter jusqu'à 70 images par seconde, des études ont montré que les hommes ne sont pas capables de détecter des informations importantes surtout si elles sont rapprochées dans le temps. Le seuil de détection d'une anomalie liée à une adresse « mail » devient très aléatoire si lors de la lecture du mail, aucun élément n'éveille l'individu, surtout lorsqu'il a une quantité de courriels importante à lire ou à gérer.

L'autre biais utilisé et celui du devoir d'obéissance, il repose sur le principe hiérarchique sur lequel est fondée l'organisation de l'administration. Les personnes ne font parfois qu'obéir puisqu'ils peuvent croire que c'est leur fonction. Dans notre cas, il implique que les agents publics, titulaires et contractuels respectent les ordres qui émanent non seulement de leurs supérieurs, mais également des différentes sources de légalité que sont la Constitution, les lois, les règlements, les instructions ou les notes de service.

Les humains sont généralement trop optimistes lorsqu'ils évaluent leurs capacités à accomplir des tâches intellectuelles, autrement connues sous le nom de biais *de* « supériorité illusoire », cela signifie également que nous sommes trop optimistes quant à nos capacités à reconnaitre les courriels d'hameçonnage.

Les attaques provoquant une réaction sont majoritairement préparées pour susciter les peurs, la serviabilité, la curiosité, la cupidité, la nécessité, le besoin d'espoir. Les besoins de domination, de pouvoir et de plaisir (sexe et argent) sont les vecteurs les plus difficiles à contrôler émotionnellement. Ces phénomènes de déstabilisation peuvent être amplifiés par l'ascenseur émotionnel, la soudaineté, la violence et l'urgence.

Le cas « Le DRIAN » est un autre exemple en France. Entre 2015 et 2017, des hommes malhonnêtes ont empoché environ 55 millions d'euros en se faisant passer pour M. Le Drian, alors ministre de la Défense du gouvernement Hollande.

ATTAQUES DES HÔPITAUX

Les années 2019 et 2020 ont été marquées par une recrudescence de cyberattaques ciblant le secteur de la santé. Tous les établissements sont visés par des rançongiciels, du réseau privé de santé au CHU. Des évènements qui ont causé des semaines de perturbations et un impact financier qui se chiffre en centaines de milliers d'euros. Selon le rapport 2019 de l'Agence du Numérique en santé (ANS), 300 établissements ont déclaré 392 incidents en 2019, soit une augmentation de 20 % par rapport à 2018. Les principaux facteurs de vulnérabilités détectés étant :

- L'exposition sur Internet de services d'accès à distance à des systèmes insuffisamment sécurisés et l'exploitation ;

- Les vulnérabilités humaines aggravées par l'urgence, l'infobésité, la charge mentale et un changement de contexte régulier sans stabilisation ;
- Le désengagement des employés ;

Au-delà de l'hameçonnage (technique frauduleuse destinée à leurrer l'internaute), l'absence de mesures de segmentation et de durcissement (séparation des réseaux et renforcements des protections) entre les différents domaines "métier" du système d'information a aussi contribué à la propagation des attaques.

Sans prise en compte du facteur émotionnel et des besoins des salariés, l'interopérabilité des différents métiers dans le secteur de la santé continuera d'accentuer cette propagation, et d'augmenter les surfaces d'attaques ; comme pour les pharmacies ou pour le secteur médicosocial.

En plus de la demande de rançon, les organismes de santé font parfois l'objet de double extorsion.

Le principe est d'exfiltrer les données avant de les chiffrer. Les attaquants peuvent menacer de les revendre en mentionnant le nom des personnes concernées et en augmentant le niveau d'angoisse avec un « timer ».

On voit également apparaitre la triple extorsion, elle consiste à menacer les victimes si elles contactent les autorités via des attaques par déni de service distribué.

Les groupes d'attaquants sont organisés comme des entreprises, ils revendiquent parfois leurs interventions, on peut citer par exemple le groupe « Conti » qui a en une année, cumulé plus de 16 millions de dollars.

En analysant les processus d'attaques mentionnées dans la « cyber kill chain » ou dans la boucle « OODA », par le prisme de l'intelligence émotionnelle, cela nous permet de mieux comprendre les chemins d'attaque, d'analyser les profils des attaquants et d'anticiper leurs réactions comportementales ; ils utilisent régulièrement les vecteurs d'attaques suivants :

- Les hameçonnages ciblés ou non, par l'envoi de pièces jointes ou liens corrompus ;
- La consultation des sites web contenant des charges virales, certains sites sont plus souvent attaqués que visités (attaque par point d'eau) ;
- L'exploitation des fuites de données référençant des « loggins » et des mots de passe ;
- Les attaques permettant de rester furtivement et sur une longue période dans un système, pour extraire des données (APT) ;
- L'exploitation des vulnérabilités des OS et logiciels ;
- Les mises à jour corrompues fournies par un éditeur piraté ;
- Les attaques par rebond en provenance des partenaires, des sous-traitants de la « supply chain » ;

La réussite de ces attaques dépend essentiellement de la manière dont nous nous comportons, de la technique et de l'organisation en place.

RÉSISTER AUX ORDRES / FRAUDE AU PRÉSIDENT

La société « XYZ » est une société internationale de plus de 50 000 personnes. Elle usine et livre auprès de ses clients des pièces mécaniques de précision dans le monde entier. Nous sommes vendredi, il est environ 16h00, la secrétaire de direction de l'un des sites répond à un appel téléphonique. Il s'agit de son « N+4 », le « big boss » ! Cette secrétaire a déjà été sensibilisée à la cybersécurité et aux fraudes aux présidents. Cependant, c'est le « big boss » qui appelle en personne ! Ou du moins c'est la voix qu'elle reconnait à travers ses nombreuses conférences visibles sur internet. Après quelques informations fournies sans demande de preuves, il rassure la secrétaire par des questions fermées, il lui demande de procéder à un virement immédiat vers l'étranger en restant dans la confidentialité, l'intimité (cela va jusqu'à supprimer les traces de messages et conversations échangés). La procédure visant à se protéger contre ce type d'attaque n'a jamais été simulée en condition réelle pour mesurer et développer la maturité émotionnelle de la secrétaire, et la carte comportementale et relationnelle de l'organisation n'a jamais été réalisée. La brique du pare-feu (si tenté qu'il y en ait réellement une) cède et l'ordre de virement émanant de la secrétaire de direction est envoyé au chargé de virement (généralement en plusieurs fois et avec des montants permettant de passer sous les radars), celui-ci exécute la demande sans poser de questions à son tour. L'attaquant sait également que résister aux ordres est difficile surtout lorsque l'on n'est pas entrainé et que l'on n'a pas travaillé sa relation avec le pouvoir et les autres.

Le profil comportemental de la secrétaire et le fait d'accéder enfin au cercle des plus grands lui font simplement oublier les bonnes questions à se poser et à poser. Elle est tellement honorée par cette demande qui vient de haut lieu, qu'elle va obéir afin de rester dans le cercle des privilégiés. Elle pourrait également agir par redevabilité (à ne pas confondre avec l'engagement). Les biais cognitifs utilisés dans ce cas sont les biais d'appartenance au groupe et le biais de disponibilité. Le biais de disponibilité est un biais régulièrement rencontré dans les attaques. On le retrouve d'ailleurs durant les phases d'audit, il consiste à surestimer et à privilégier les informations immédiatement disponibles par le cerveau. Par exemple, si l'on vous demande à quoi vous pensez lorsque l'on vous dit « bataclan », il est fort possible que pensiez immédiatement au terrorisme, alors que c'est avant tout une salle de spectacle. L'objectif du pirate est de valider les nombreux points permettant d'obtenir un « oui » ; il utilise un véritable discours élaboré, adapté à votre contexte et vos envies avec une liste d'objections préparées. Pour ce faire, rien de plus facile, il suffit parfois de jalonner les réseaux sociaux, d'écouter et d'établir une cartographie de votre entourage. Il peut exister plusieurs vecteurs d'attaques liés à un profil comportemental précis. Dans le cas d'un profil soumis, nous pouvons rencontrer simplement de l'obéissance ou de la redevabilité vis-à-vis du pouvoir. Mais il existe un autre facteur moins connu lié à la soumission, celui d'être heureux dans la soumission, cela afin d'obtenir inconsciemment un sentiment d'appartenance à un groupe, ce qui peut procurer un bonheur et un sentiment de puissance utilisé pour monter dans la hiérarchie.

Les biais cognitifs / La croyance limitante / La réalité et le réel / La relation au pouvoir et à l'autorité.

Fraude au président : journal « Ouest France » du 24 mai 2022 : Des escrocs font plier une comptable près d'Angers par des FOVI (faux ordres de virements), ces faits se sont déroulés pendant l'absence du dirigeant.
Escroquerie de 500 000 € versé en plusieurs fois avec des tranches inférieures à 30 000 €. Selon vous, qu'est-ce qui aurait permis de bloquer l'attaque, de manière exclusivement technique ?

L'ATTAQUE CIBLEE AVEC UNE FRAUDE AU PROCESSUS

Sophie est directrice financière, elle travaille dans une société de plus de 3000 personnes évoluant dans le secteur de l'environnement. Elle occupe un poste stratégique et elle est très sollicitée, elle a en charge les validations de règlement de factures fournisseurs, de paie, elle supervise l'ensemble des 8 sites présents en France. Pour imager, elle est au bureau de 8h00 à 20h00 en ayant plus d'une centaine de mails à traiter par jour.

Sophie est soumise comme de nombreux employés au phénomène d'infobésité et elle est déjà sous un stress important, elle est constamment dans l'urgence et semble agir avec un sentiment de « perte de sens », elle est constamment dans une instabilité dictée par des règlementations ou des directives qui changent sans cesse, son système émotionnel est sous alerte permanente, elle se fatigue, et ne se soulage que pendant les vacances, les repas ou le soir lorsqu'elle rentre chez elle, elle compense sa perte de sens, et elle lutte contre ses freins émotionnels, comme celui de ne pas prendre ses responsabilités et dire « non ». Ses besoins et ses désirs personnels ne sont pas nourris, les conditions pour la désengager de son travail, commettre une erreur d'inattention ou tomber dans le piège d'un pirate sont réunies.

Infobésité / Influence du temps / Les phases liées au stress / Le taylorisme et le monde de l'ingénierie humaine / La régression sous stress.

Sophie est bien au fait des différents chantiers de rénovation de bâtiments, elle reçoit un appel de Mr Umberto, il se fait passer pour l'un des comptables d'un fournisseur du BTP. Celui-ci l'informe d'un changement de coordonnées bancaires ; Mr Umberto, avec un accent portugais, lui mentionne clairement le montant exact de la facture et le nom du chantier concerné ;

Sophie tient compte de l'information et demande à Mr Umberto de confirmer cette information par mail sans aller en profondeur dans la discussion, puis elle se précipite à une réunion ou elle tient à arriver à l'heure, parce qu'à son habitude, elle est dans l'urgence, la valeur « travail » est ancrée en elle, et elle ne tient pas à faire remarquer son retard aux autres, la culpabilité pourrait la ronger.

Sophie a un trait de personnalité de type « obsessionnel » et « soumise » (entre autres), elle se sent souvent coupable (culpabilité névrotique ou existentielle) lorsqu'elle ne satisfait pas les besoins de son responsable ou qu'elle ne lui a pas obéi (pour lui faire plaisir ou être aimée), elle ne veut pas décevoir les autres. Par ailleurs, on ne lui a pas appris à gérer les conflits lorsqu'elle était encore une enfant, à dire « non » à sa mère ou son père, à décider, à prendre ses responsabilités, à conserver un lien émotionnel favorable à la compréhension du conflit avec une autre personne, à estimer les conséquences et à se positionner dans un esprit collaboratif (convaincu et moteur) ; pour elle, il important d'arriver à l'heure à la réunion pour éviter d'être en faute. Comme la majorité des employés, son éducation s'est essentiellement bâtie autour de l'obéissance et de l'autoritarisme, dans une forme de soumission (déférente ou ascétique, selon les situations) la honte, la loyauté et la culpabilité constituent le terreau de son comportement, elle va donc rapidement traiter cette demande sans se poser les vraies questions en suivant sa « To do list » (liste de tâches à réaliser). Le profil s'est construit depuis qu'elle est née et il s'est renforcé à l'âge de 10 ans ; elle a pris un rôle de maman qu'elle n'a pas choisi d'être vis-à-vis de son frère, d'être loyale à sa famille sans avoir autour d'elle une personne lui apprenant à dire non et à gérer les conflits, à être elle-même.

Sophie est également sous l'influence de ses biais cognitifs en particulier celui du « biais de confirmation » : Mr Umberto a un accent portugais, pour elle, il est forcément du bâtiment.

Sa croyance étant que l'on retrouve beaucoup de Portugais dans le bâtiment est confirmée par l'accent de Mr Umberto (transfert d'une croyance collective).

En ce qui concerne le type de processus adopté par Mr Umberto, il utilise entre autres, le fait que Sophie ne sache pas ce qu'est un biais cognitif, et encore moins quelle sera sous l'influence de ses croyances et de ses propres émotions, elle est dans le premier niveau de conscience, elle ne sait pas qu'elle ne sait pas. Ce n'est ni bien ni mal, c'est juste non rentable pour elle et son organisation.

Les biais cognitifs / L'interculturel / Les différents niveaux de conscience / La croyance limitante / La réalité et le réel, / La relation au pouvoir et à l'autorité / Fratrie / Principales personnalités difficiles et leurs croyances.

Deux heures après l'appel de Mr Umberto, Sophie reçoit effectivement le mail confirmant le changement de RIB. Elle transmet immédiatement le mail au service comptabilité, celui-ci programme le virement avec ces nouvelles coordonnées bancaires, puis elle continue à traiter les mails, à enchainer les réunions et à répondre aux sollicitations impromptues de ses collègues.

Le mail de Mr Umberto reprend avec précision le montant, la date d'échéance, le nom du chantier. Son mail fait figurer le logo et l'adresse de la société, ce qui accentue son biais de confirmation.

L'attaque au processus qui contribue à modifier ou à s'installer dans une étape du processus, est menée par l'attaquant puis validée par la victime. Cette attaque est de plus en plus utilisée, elle est accentuée par une digitalisation accélérée (e-commerce, paiement rapide et instantané...), et par un manque de vigilance ou d'hygiène informatique. Par exemple, peu de personnes pensent à supprimer les données et les configurations présentes dans leur ancien téléphone portable (transfert des moyens d'authentifications). Pour ce qui est de l'hameçonnage téléphonique, peu de personnes pensent à raccrocher, puis prendre simplement l'initiative de contacter directement la personne concernée, la source, cela afin de confirmer l'authentification du correspondant.

Tous ces types d'attaques se développent, elles peuvent même viser les processus sensibles, comme la délivrance des pièces d'identité ou des passeports.

Constamment dans la culpabilité, la peur et l'angoisse, Sophie n'est pas en mesure de faire le calme en elle pour se demander ce qu'elle ressent, on ne lui a pas appris. Elle est au premier niveau de maturité : le déni. Sophie contrôle tout par la volonté, elle n'a pas conscience de l'influence de son propre système émotionnel sur son quotient intellectuel. Elle est très intelligente et à de nombreux diplômes, et pourtant ! Une partie de son système émotionnel (Amygdales cérébrales) perturbe la partie de son cerveau servant à raisonner (cortex préfrontal), elle est sous l'emprise de ses émotions et de ses biais cognitifs (réseau neuronal), elle n'est plus la garante de son propre territoire.

Nous savons déjà que l'égo est souvent une forme de protection vis-à-vis de l'inconfort suscité par une non-maitrise des émotions, ce qui renforce le déni. Mais le déni émotionnel est également associé à ce qu'on appelle « l'apparence rationnelle » ; celui-ci se construit en fonction de sa propre histoire, cette apparence rationnelle ou raisonnable, permet d'inventer les bonnes excuses afin d'éviter de voir en quoi elle peut s'améliorer et de prendre ses responsabilités. Il est moins douloureux de s'oublier que de se remettre vraiment en question. Elle a conscience de son dysfonctionnement et va plutôt choisir des méthodes d'introspection qui ne la font pas réellement sortir de sa zone de confort, cela se nomme le syndrome du réverbère. Ce syndrome souvent compensé par la technique ou des compensations ne permet pas de comprendre ce qui s'est joué dans une attaque, puis de travailler sur sa résilience.

Unicité et maturité émotionnelle / La roue des émotions / L'encéphalogramme / Le territoire et les frontières / Les informations dans le cerveau.

Les fraudeurs attaquent de moins en moins la technologie, il compte sur le comportement de la victime pour déclencher une attaque ou obtenir des informations.

Les processus de travail et la cible sont clairement visés par cette famille de menaces, et aucun algorithme n'est capable de détecter la mise sous pression d'un individu ou ressentir une émotion. Selon vous, l'Intelligence artificielle intègre-t-elle le facteur émotionnel et les profils comportementaux ?

Trois jours plus tard, Sophie reçoit un nouveau mail de la part de Mr Umberto ; celui-ci lui demande de refaire un virement sur un autre compte dont il joint le RIB, son assistante se serait trompée de RIB. Cette fois-ci, Sophie s'attarde un peu plus sur cette nouvelle requête, elle ouvre la pièce jointe du RIB et constate que le compte est domicilié au Portugal. Angoissée par cette nouvelle demande, elle se sent fautive, elle contacte l'entreprise de BTP pour se faire confirmer la présence de Mr Umberto au sein de leur entreprise.

Mr Umberto n'est pas sur la liste des employés. Mais il est trop tard ! Après avoir contacté la banque de sa société, elle ne peut que constater que le virement a déjà été fait. Selon les règles de déontologie et les procédures internes, Sophie savait qu'il fallait contacter l'entreprise dès la première demande de Mr Umberto, cela afin de confirmer le changement de coordonnées bancaires. **Elle a été dominée par ses émotions.**

Cela démontre que le facteur émotionnel est le vecteur d'attaques pour contourner les meilleures techniques de protection et les procédures en place. Si elle avait été entrainée et si elle avait développé sa maturité émotionnelle, elle aurait pu détecter cette attaque invisible techniquement (pare-feu humain).

Consciente de ce qu'elle imagine être une faute (différent de l'erreur), Sophie culpabilise. Elle ne dissocie pas l'erreur de la faute. Si elle ne transforme pas cette expérience en opportunité, cette attaque pourrait générer des peurs et faire émerger d'autres vulnérabilités émotionnelles, de nouveaux freins. Par exemple, une méfiance excessive nourrissant un autre chemin d'attaque ou un manque de confiance, sans pour autant avoir travaillé sur la principale cause : Sa maturité émotionnelle et sa capacité à poser les bonnes questions au bon moment.

Il est possible de positionner des solutions techniques et de modifier l'organisation, mais ces solutions ne sont que des compensations pouvant complexifier les processus et ouvrant de nouveaux risques résiduels, par ailleurs, la vulnérabilité demeurera toujours existante, mais simplement exposée à un autre contexte.

Dire « non », devrait faire partie de son travail !

Unicité et maturité émotionnelle / la roue des émotions / le territoire et les frontières.

INCIDENTS ET IMPACTS

Voici un incident ayant eu un impact important sur l'environnement, le facteur émotionnel est le facteur essentiel de déclenchement (référence : fiche « incident » du Clusif).

En Australie, 800 000 litres d'eaux usées déversées dans des rivières et parcs.

Un ex-employé de la société ayant installé les systèmes automatisés de la centrale de traitement des eaux usées (fournisseur), a postulé un poste au sein de cette dernière.

Après maintes discussions, sa demande d'emploi a été refusée et il a décidé sous l'emprise de la colère de se venger.

Il a pris le contrôle de la station. Après avoir dérobé un équipement radio de son employeur, il a envoyé des commandes au système automatisé qu'il connait bien. Les commandes envoyées aux automates programmables ont permis de piloter des actionneurs, et des milliers de litres d'eaux usées ont étés déversés dans la nature.

Sa connaissance du système industriel et des employés en présence lui ont permis de faire croire sur le moment que ses actions étaient dues à un dysfonctionnement du système.

Le cas d'un employé désengagé quittant sa société est le cas typique d'une création de vulnérabilité. Il est utile de préciser qu'une personne désengagée peut aussi rester au sein de son entreprise, ce qui est majoritairement le cas lorsque les managers n'écoutent pas et ne jouent pas leurs rôles (Management opérationnel). Certaines entreprises s'implantent parfois dans une zone ou l'employabilité est faible, elles peuvent bénéficier d'aide de la région, mais c'est surtout le bon moyen de garder ses employés dans l'obéissance, surtout lorsqu'ils s'implantent avec un crédit immobilier à rembourser et une famille. Dans ce cas, un management par la peur aura pour effet de générer de l'insécurité, de véritables bombes à retardement et de vraies opportunités d'attaques. Dans notre cas, on peut supposer que lorsque l'employé a quitté son entreprise, il a ressenti une forme d'injustice lui rappelant une blessure, un rejet, un abandon, une trahison ou une humiliation vécue dans son enfance ; on peut supposer que le manque d'empathie lors des différents entretiens n'a pas permis de gérer efficacement le conflit entre l'employeur et ce demandeur d'emploi.

Ce conflit a pu être aggravé sous diverses formes de résonnance (agitation lors des échanges ou transferts émotionnels entre collègues ou dans les réseaux sociaux par exemple), par des « fake news », on peut aussi supposer que les personnes pensent s'être mises d'accord sans être profondément convaincues, ce qui a pour effet de générer un biais de faux consensus causé par un manque d'écoute réciproque en profondeur ou de réels besoins et désirs non exprimés.

RSE / cybersécurité / Vision à 360° : Un dirigeant ou un manager qui n'engage pas ses employés de manière positive se verra contraint de positionner des équipements de protection et de détection couteux sur le terrain. L'idéal serait de travailler à la fois sur l'axe managérial en provenance du « top management » et de positionner quelques équipements sur le terrain afin de mieux se protéger et d'éviter une déstabilisation managériale. Le positionnement d'un RSSI dans un comité de direction et détaché de la DSI est donc crucial pour l'avenir de l'entreprise. Pour rappel : l'informatique et la cybersécurité sont deux familles de métiers différents.

Effet Hawthorne / Régression sous stress / Relation avec le pouvoir et l'autorité / La relation et le conflit / La mémoire épisodique / Le développement chez l'enfant et l'empathie.

Les vulnérabilités courantes

LE TÉLÉTRAVAIL

La Covid-19 n'a pas seulement entrainé une crise sanitaire sur la planète, elle a rebattu pour certains d'entre nous les cartes par une prise de conscience importante, celle de l'équilibre entre la vie privée et la vie professionnelle, elle nous a interrogés sur le véritable sens porté à nos actions et notre existence. Elle a également été utilisée par les cybercriminels pour attaquer les établissements de santé, notamment par rançongiciels. Pendant la période du premier confinement, de nombreux messages d'information sur la Covid-19, en apparence anodins, se révélaient être en réalité des virus informatiques utilisant de faux « courriels » des autorités de santé. Les cybercriminels ont tenté dans le monde entier d'exploiter les peurs et les angoisses, pour s'infiltrer dans les réseaux informatiques soumis à des instabilités soudaines et non éprouvées. De plus, le développement du télétravail durant la période sanitaire « Covid » a exacerbé les mauvaises pratiques, et a entrainé l'augmentation de failles et des dysfonctionnements. Ainsi, l'utilisation d'ordinateurs personnels dont les écrans ne sont pas verrouillés, ou de manière générale les systèmes informatiques ne bénéficiant pas de la même organisation de sécurité qu'au bureau, ne favorisent pas la protection du système d'information. Même si les organisations multiplient les appels à un comportement responsable, elles n'ont concrètement aucun moyen informatique pour vérifier comment ces informations sont protégées au domicile de leurs salariés. Par crainte que leur accès au réseau informatique (VPN : Virtual Private

Network) de l'établissement ne fonctionne pas, ou que leur réseau internet privé soit saturé, de nombreuses personnes ont fait le choix d'exporter leurs dossiers sur des supports amovibles (clés USB ou disques durs externes), ou bien de transférer ces données sur Google Drive. Ces pratiques d'urgence amplifiées par la peur, l'angoisse et la colère ont multiplié les vulnérabilités dans nos propres organisations.

Par ailleurs, il est utile de préciser qu'en matière de cybersécurité il existe au minimum trois zones délimitant les périmètres de confidentialité :

- La zone blanche est la zone clairement réservée à ce qui n'est pas confidentialité, toutes les informations peuvent circuler librement sans protection.
- La zone noire est dédiée à la zone très confidentielle, elle est souvent extrêmement bien protégée par un VPN, un pare-feu, une segmentation…
- La troisième zone est la plus sensible, c'est la zone grise. C'est dans cette zone que le pirate peut trouver des informations concernant des informations stratégiques nourrissant l'ingénierie sociale. Les fichiers commerciaux, les données de la R&D et les appels d'offres constituent une base de données importante pour déterminer quelle est la stratégie d'entreprise. Les informations transmises par les réseaux sociaux, les conversations dans les moyens de transport, les vols de données non

chiffrées (téléphone, portable...) à son domicile, dans les hôtels (40 % des hotspot en France ne sont pas sécurisés) sont directement en lien avec le comportement humain, ses émotions et ses croyances.

Nous sommes en plein cœur d'un changement systémique accentué par l'urgence, ou la peur et l'angoisse génèrent à foison des vulnérabilités dans les systèmes d'information. Une « systémie » peut être produite par exemple en plein milieu d'une réunion, il suffit qu'une tierce personne entre dans la salle, pour que les personnes présentes changent de comportement, surtout lorsqu'il s'agit d'un responsable dont on a peur. Le télétravail est une forme de « systémie » provoquant de l'instabilité, il a également confirmé le fait que l'on utilisait les outils en fonction de nos niveaux de connaissances, il a mis en évidence la difficulté à s'articuler entre les différents rôles tenus au travail et dans la vie privée, ce qui a certainement généré des centrages sur l'essentiel et le bien-être. Passer d'un rôle de développeur informatique au rôle de père de famille en moins d'une seconde exige une certaine forme de maturité. Cette notion de rôle est importante dans les relations et elle porte une réelle influence sur les comportements, vous pouvez agir en tant que fils ou fille de, en tant que père ou mère de, en tant que comptable de, en tant qu'ami(e) ou conjoint(e) de. Sachez qu'il est psychologiquement possible d'activer des rôles afin de vous faire changer de comportement ou activer les différents profils qui sont en vous, en utilisant de simples mots durant une conversation ou dans un courriel.

Les organisations en proie à leur propre stress comme les hôpitaux ou les secteurs d'aide ont dans l'ensemble les mêmes profils de personnels, ce qui est également le cas dans d'autres secteurs d'activités. Cela facilite le travail d'un attaquant, une seule attaque vers un nombre de profils importants, c'est très rentable ! La diversité et l'intelligence collective sont donc des atouts majeurs permettant de positionner judicieusement les différents profils dans un processus de protection, de détection et de réaction.

L'intelligence collective / Les phases liées au stress / Émotion et raison, / La crise et la résilience.

L'INFOBÉSITÉ ET LA CHARGE MENTALE

L'infobésité est un facteur à prendre en compte dans le cadre de la sécurité de l'information et du bien-être des personnes. Elle est un facteur de vulnérabilité considérable. La fuite de la relation directe avec les autres, les mails de justification, les mails en copie, la numérisation, les réseaux sociaux, et la multiplication des canaux d'informations mènent à l'infobésité. La plupart des personnes sont plutôt enclines à gérer une quantité importante de mails au lieu de répondre aux réels besoins d'une organisation. Nous observons dans ce cas une tétanie du cerveau parce qu'il ne peut pas absorber physiquement une quantité importante d'information. Tout comme le déni de services (saturation de datas rendant inopérant un système d'information), l'infobésité augmente la charge mentale, menant parfois jusqu'au « burnout ».

La charge mentale est le niveau d'effort mental nécessaire afin de planifier et de réaliser une tâche d'une certaine manière et dans un certain environnement. Elle est liée au fait que nous ne savons pas bien faire plusieurs choses à la fois, une expérience appelée « Stroop effect », montre le phénomène d'interférence qui apparait quand deux taches sollicitent la même zone de notre cerveau, et en même temps. Les conséquences attribuées aux multitâches sont les suivantes :

- La perte de temps ;
- L'augmentation des risques d'erreur ;
- Notre mise en danger par le stress, la fatigue et la surcharge mentale ;
- L'addiction et la consommation d'informations séquentielles ;

Aujourd'hui le numérique est si présent que l'on entend parler d'impression rétinienne (images successives ne laissant pas l'espace nécessaire à l'imaginaire ou à la réflexion), de pause numérique et de présence fragmentée. La présence fragmentée est un générateur de dopamine, il active le circuit de la récompense jusqu'à la dépendance, à la fatigue intense due à la sursollicitation. En effet, le cortex est bombardé de stimulations, mais il n'est pas équipé pour absorber autant d'informations et gérer la multitâche. Nous allons avoir tendance à aller chercher les petites informations sans profondeur en accentuant la multitâche afin de faciliter la distraction, cela devient alors une **distribution d'informations séquentielles addictives sans gestion de l'important**. La protection d'un système d'information peut donc être améliorée par de la concentration mentale en se rendant parfois indisponible et par la prise de conscience des nouveaux impacts du numérique sur le cerveau. Afin de passer du « mind full » au « mindful », les conseils suivants peuvent être suivis :

- Faire des pauses cérébrales (méditation, respiration, relaxation) ;
- Réduire l'infobésité et l'hyper connexion ;
- Se centrer sur ses émotions et son ressenti ;
- Maintenir la relation aux autres (pas par des mails ou des écrans) ;
- Avant de quitter le travail, libérer l'espace mental de travail en listant les tâches prioritaires à effectuer pour le lendemain ;
- Avant de dormir, poser vos pensées par écrit ;
- Durant les trajets, concentrez-vous sur le présent ;
- Gérer son énergie au lieu d'obéir à son planning ;
- Dire « non » aux autres et se dire « oui » à soi ;
- Cultiver son plan spirituel (du latin « spiritus » : souffler). Développer son espace mental, culturel, processus d'individuation, espaces de silence ;
- Être curieux et proactif ;
- Eviter le multi-tâches, privilégier des bulles liées à votre propre niveau de concentration et de plaisir.

Votre stress est largement exploité par d'autres individus, réduire ce niveau de stress est favorable à votre épanouissement, à l'amélioration de la qualité de vos services. Il faut bien reconnaitre que l'aspect financier prend souvent l'ascendant sur le bon sens et l'humanisation des organisations. Faire ou dire ce que les gens ont envie d'entendre en protégeant ses intérêts est devenue aussi chronophage que de faire réellement son travail. Ces états de fait et l'absence d'écoute active sont majoritairement à l'origine de nos propres vulnérabilités. Le secteur de la cybersécurité n'y échappe pas, au contraire. Le peu de personnes disponibles sur le marché de l'emploi engendre des vulnérabilités liées aux stress, je constate régulièrement que :

- Certaines tâches sont confiées à des « juniors » sans réels accompagnements ;
- Les personnes d'expérience terrain sont souvent absentes dans les phases de réflexion en amont ;
- Certaines analyses de risques sont réalisées dans le stress, elles sont parfois conceptuelles, non reliées aux utilisateurs finaux et surtout sans prise en compte du facteur relationnel et émotionnel;
- Le « turnover » important et la quantité de documents cyber à fournir (vérifiée partiellement par manque de temps) vont générer des surprises lors des installations et des phases de production. Il est aujourd'hui assez rare que les jeunes recrues restent suffisamment longtemps dans un même service pour suivre le processus complet, surtout sur les processus de conception et d'installation sont de plus de trois ans ;
- Les plans d'action transmis aux fournisseurs réalisés par des experts cyber et non métier, posent réellement des soucis de faisabilités. Au même titre que les employés eux-mêmes, les fournisseurs de la « supplychain » ne sont souvent pas écoutés et font ce qu'ils peuvent. Élaborer des campagnes de mails aux employés pour les entrainer à reconnaitre un mail frauduleux ne changera pas le quotidien des employés, d'où l'intérêt de réfléchir à un vrai projet et d'une vraie vision concernant la cybersécurité.

LE STRESS ET L'ENFERMEMENT NEUROLOGIQUE

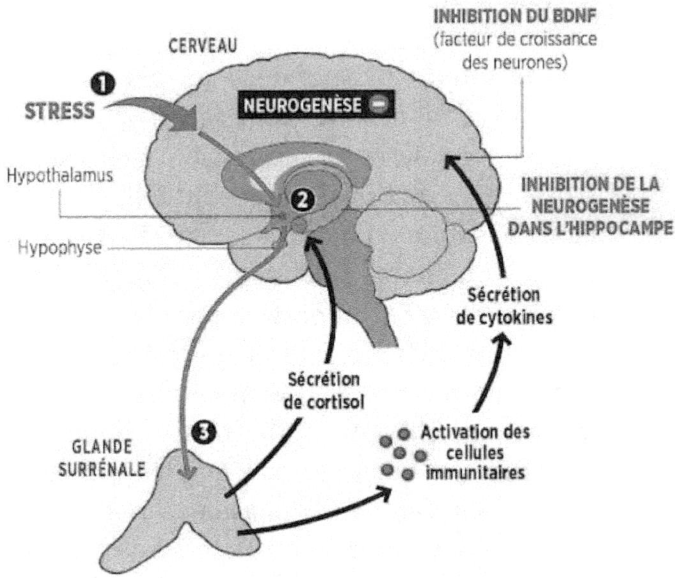

Les stresseurs émotionnels entrainent la libération d'hormones surrénaliennes tel le cortisol, appelé hormone du stress (toutes les émotions associées au stress sont concernées). Même si le cortisol permet de mieux affronter le stress, il peut très rapidement devenir nocif et destructif.

L'hippocampe (mémoire épisodique), particulièrement sensible à cette hormone, subira des destructions cellulaires au niveau des récepteurs de cortisol, sa fonction de régulateur de la sécrétion d'hormones du stress s'en trouvera compromise. Un cercle vicieux s'installera avec amplification de la sécrétion de cortisol qui en retour accentuera la destruction des cellules déjà endommagées. En résumé, lorsque vous vous mettez en colère, que vous angoissez, que vous stressez, vous détruisez vos neurones, et vous appauvrissez votre réseau neuronal.

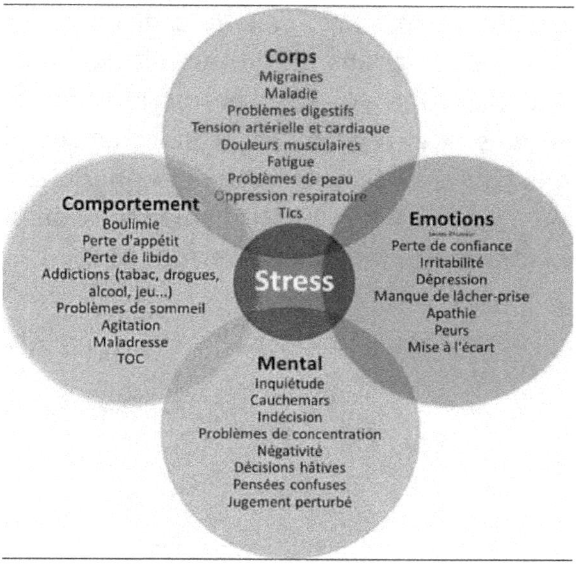

Roue du stress
Source : Perturbateur physique et neurophysiologique / réflexologie

<u>ALERTE importante dans le secteur de la cybersécurité !</u>

Cyber stress : Une grande étude sur le **stress des responsables de la cybersécurité** est disponible. (Étude réalisée par la société ADVENS en septembre 2021) <u>étude stress VF.indd (advens.fr)</u>

Gérer son énergie mentale ou gérer son temps ?

Notre horloge interne est la principale source d'énergie de notre charge mentale, dans le cadre de la cohérence cardiaque, nous parlons de rythme ultradien, de rythme circadien. Des exercices réguliers permettent de réguler ses rythmes, de réguler les conséquences liées aux émotions (via le système nerveux périphérique SNP, puis le via le système nerveux SNA), mais pas de traiter les causes initiales comme nous le verrons plus loin.

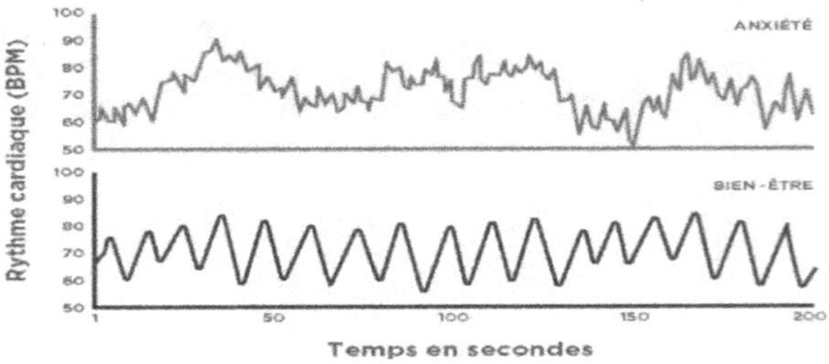

BEHAVIORISME CLASSIQUE

Le système émotionnel est un système vivant. Certaines listes de personnalités présentes dans de nombreux livres comme les différents schémas illustrés de Paul Eckman sont des représentations et des visions permettant d'approcher l'intelligence émotionnelle de manière technique et figurée. Elles sont utiles pour amorcer une compréhension, mais restent dans un formalisme et pourraient avoir tendance à mettre des personnes dans des cases. Ce "Behaviorisme" n'est donc pas conseillé dans la mise en place d'un véritable pare-feu humain efficient et efficace, cependant dans le cadre d'intelligence artificielle, l'analyse faciale pourrait déjà amorcer la prise en compte émotionnelle et ouvrir d'autres potentialités.

Selon vous, quelle est la différence entre l'efficience et l'efficacité ?

LES ATTAQUANTS DE L'INTÉRIEUR

Les réseaux sociaux sont devenus une forme de pouvoir confortant le développement des croyances et des préjugés, le socle de la légitimité d'une forme de pouvoir perd l'équilibre sous le joug de toutes les informations présentes sur internet. La peur d'être traqué et de se retrouver sur les réseaux sociaux engendre véritablement une altération d'un discours vrai et libéré, on le constate chez certains candidats aux élections. Cette rupture numérique est une révolution sociétale, nous pourrions la comparer à l'apparition de l'imprimerie. L'information appartenait à une certaine élite, les manuscrits étaient écrits à la main et accessibles aux élites qui savaient lire, il était donc facile de diffuser des informations et de garder une certaine forme de pouvoir. Dès que les gens ont appris à lire et écrire, les élites ont perdu cette forme de pouvoir sur le peuple. Une des caractéristiques des réseaux sociaux est qu'il n'y a plus de frontières, et que la vitesse de propagation de l'information liée à la quantité d'informations est capable de soulever rapidement de nouvelles idéologies.

Les anciens modèles risquent donc d'être abandonnés au profit de nouveaux modèles sociétaux poussés par une non-maitrise des nouveaux outils techniques et une accélération à la dépendance au numérique. Cette non-maitrise est l'un des socles générateurs de nouvelles peurs des systèmes d'information. Nos données sont exploitées, monétisées, nos actions sont tracées, les algorithmes utilisent nos données selon des schémas inconnus, **c'est un véritable abandon de soi**.

Une nouvelle famille de cyber-attaquants prend donc naissance dans les entreprises, ce sont les attaquants de l'intérieur, ceux qui nourrissent suffisamment les réseaux sociaux d'informations afin que les attaquants de l'extérieur les utilisent pour les piéger ou préparer une attaque, ceux qui sont équipés d'oreillettes et vous font profiter de leurs conversations à voix haute ne sont pas en reste. Il ne s'agit pas d'être paranoïaque, mais simplement de vous poser les bonnes questions lorsque vous utilisez votre téléphone ou votre PC portable dans un train ou un métro bondé, et **d'y être psychiquement absent.**

Aujourd'hui le téléphone n'appartient plus à la personne, c'est plutôt la personne qui appartient à son téléphone. Ces nouveaux attaquants de l'intérieur absents psychiquement, viennent remplir le banc d'attaquants déjà présents encore plus nombreux. Ceux qui protègent leurs propres intérêts et qui laissent faire. En France, combien de fois consultons-nous notre téléphone dans une journée ?

Les réseaux sociaux sont des sources exploitées par les hackeurs. Une même donnée va être interprétée de manière différente à des fins différentes, cela à l'insu de la personne qui a rédigé un commentaire ou de celle qui est ciblée. Les groupes formés autour d'une information ont tendance à servir de caisse de résonnance, cela a pour effet de regrouper les individus dans une même communauté, un type de proies, ce qui rentabilise les attaques. Les premières personnes s'exprimant sur un fait vont donner une direction à l'idée et vont assez souvent servir de référence à cette résonnance, même si l'idée n'est pas rationnelle. Les algorithmes utilisés dans les réseaux sociaux permettent de regrouper les personnes pensant la même chose et va avoir tendance à mener vers les extrêmes de manière à provoquer un engagement plus important, cela génère une tendance à déconnecter les personnes du réel en polarisant les individus. Les attaquants utilisent cette polarité pour cibler un regroupement de profils comportementaux. Il devient également aisé de détecter les niveaux vibratoires des émotions à travers les réseaux sociaux, d'identifier les différentes blessures intérieures (abandon, rejet, humiliation, trahison et injustice), d'identifier le niveau de maturité émotionnelle, afin de préparer des attaques groupées et représentatives des profils et de la blessure concernée.

Certains attaquants sont eux-mêmes les initiateurs d'idées ou d'alertes afin de générer ce regroupement polarisé.

MANIPULATION : L'INGÉNIERIE SOCIALE ET LE CONTEXTE

Nous avons pu voir précédemment l'impact des biais cognitifs, de la prise en compte des besoins des individus et de la diversité dans les organisations, mais qu'en est-il du contexte ? Et des croyances limitantes ?

Pour exemple : chez une personne anxieuse, la croyance pourrait être « Le monde est plein de danger, si je ne suis pas vigilant, je cours de gros risques », le comportement associé pourrait être « Je dois toujours anticiper les problèmes et toujours prévoir le pire ». Partager des sujets d'inquiétude ou surprendre cette personne va générer des émotions fortes chez elles, de quoi lui faire perdre la raison pour qu'elles oublient de respecter une consigne de sécurité. L'histrionique doit attirer l'attention, il doit éblouir, charmer. L'obsessionnel agit pour le bien, pour apporter un peu plus de perfection dans le monde, le narcissique recherche la compagnie des gens plus prestigieux que soi pour se rassurer de sa propre valeur, l'évitant craint d'être critiquée, il ne doit pas se révéler, il doit se tenir à l'écart sinon il ne sera pas à la hauteur.

Notions de rôles / principales personnalités difficiles et leurs croyances.

L'objectif n'est pas d'énumérer les typologies d'attaques par ingénierie sociale en fonction des familles de menaces, il est de faire prendre conscience que de nombreux livres donnent un éclairage pour se connaitre, mais que ces mêmes livres voire des formations peuvent être utilisées à des fins malveillantes. Dans ce cas, les solutions techniques ou les sensibilisations devraient prendre en compte une approche émotionnelle avec de réels exercices de mise en mouvement, en s'intéressant vraiment à chaque individu et en prenant compte la neuroplastie.

En outre, les solutions qui fonctionnent dans un contexte donné ne fonctionnent pas forcément si celui-ci change. Ce qui signifie que chaque changement de contexte génère un stress (activation des amygdales cérébrales) et une utilisation importante du cortex préfrontal. Ce stress est parfois lié au fait que l'on ne comprenne pas ce qui se passe, ou que l'activation des neurones de contexte n'a pas été utilisée lors d'une transmission d'informations. Ce stress est exploitable par les attaquants. La faculté de comprendre et de poser les bonnes questions de compréhension, vont avoir pour effet de réduire une angoisse ou une peur, nous ne sommes pas directement dans l'adaptation (pouvant parfois à s'apparenter à de la soumission), mais plutôt dans un domaine d'ouverture et de compréhension menant vers une maitrise de la situation. Comprendre les faits et lever ses freins émotionnels devient donc un véritable atout.

LE FREIN ÉMOTIONNEL ET LE COMPORTEMENT

Rémi est l'aine d'une fratrie, il était l'enfant unique, il était considéré comme un prince jusqu'à ses deux ans, et plus particulièrement à la naissance de son frère Olivier. Olivier nait avec une santé très fragile, entre la vie et la mort, l'attention des parents se porte essentiellement sur lui pendant une année. Entre les allers-retours à l'hôpital et les traitements à domicile, Rémi nourrit un sentiment d'exclusion. Peu enclins à parler d'amour ou à écouter, ses parents ne lui ont pas expliqué que le fait de se consacrer à Olivier n'enlevait en rien l'amour qu'ils lui portaient. Depuis ce jour, Rémi nourrit un sentiment d'exclusion lorsqu'une autre personne prend la place qu'il croit être réservé pour lui. Aujourd'hui, Rémi se sent exclu lorsqu'il n'est pas convié à une réunion de travail où il estime devoir être pris en considération, surtout lorsqu'il apprend que la place où il se sentait légitime est prise par une autre personne, ce qui renforce en lui un sentiment d'injustice. La tristesse et la jalousie qu'il n'a pas appris à exprimer (croyance que les garçons sont forts et ne doivent pas pleurer) se transforment en colère. Il dépense son énergie à suspecter son responsable, et se plombe en se disant qu'il a encore été exclu. Sa relation avec son responsable est moins fluide, il n'en parle à personne puisqu'on ne lui a pas appris à gérer un conflit. Sa tristesse refoulée, sa peur d'être exclu et sa colère l'empêchent de poser les bonnes questions, de manière à comprendre ce qui s'est réellement passé, c'est le frein émotionnel. Son comportement sera de s'isoler en ruminant, et il finira par s'exclure lui-même jusqu'à ce que la relation soit rompue, ce qui confirmera sa croyance qu'il a toujours été exclu, non pris en considération, trahi. Sa réaction sera d'autant plus forte si ce sentiment est provoqué inconsciemment ou consciemment par un proche aimant. Rémi est un excellent technicien et il est en règle générale sociable, il est fort possible qu'il devienne manager, mais il portera en lui une vulnérabilité inconsciente et importante pour son organisation. Son sentiment d'exclusion pourrait être provoqué de manière intentionnelle de façon à créer un dysfonctionnement au sein de l'organisation, et par conséquent une réaction utile au bon déroulement d'une attaque. Aucune technologie n'est capable de détecter ce type d'attaque, d'où l'importance de s'intéresser au facteur émotionnel. Pour Rémi, ce phénomène se répètera sans cesse jusqu'à ce qu'il ait compris ce qui se jouait en lui, et cela peut durer toute sa vie.

AUDIT ET MATURITÉ ÉMOTIONNELLE

Travailler sur le facteur émotionnel influe sur les mesures de protection liées à la technique et à l'organisation. Détecter les profils, poser les bonnes questions lors d'un audit ou en avant phase de projet pourrait paraitre simple, mais ces questions sont posées en fonction de vos propres freins émotionnels, de votre propre capacité d'écoute et d'empathie.

Pendant un échange, un mot peut avoir des significations différentes et des représentations mentales et affectives uniques en fonction des cultures et des métiers.

Par exemple, le terme « audit » n'a pas la même signification et la même valeur émotionnelle pour un expert en cybersécurité, pour un informaticien, pour un producteur ou pour un qualiticien.

La réalité interroge notre rapport au monde, un auditeur (ou auditrice) a comme l'audité(e) un fonctionnement comportemental influençant les questions et les réponses. Une question posée avec différentes émotions peut générer des réponses différentes, et l'émotion attachée à la réponse peut évidemment influer sur le comportement de l'auditeur. L'audit est un véritable exercice de relation et pas uniquement de communication ou de recherche de preuves, la prise d'initiatives alternées fait émerger les images internes de chacune des personnes. En plus de l'expérience, cet exercice exige avant tout de l'humilité et de l'indulgence, c'est uniquement dans ce cadre que les personnes peuvent s'ouvrir et fournir des informations basées sur le réel, et réduire les variabilités ou le « shadow IT » (différence entre les instructions rédigées par des ingénieurs et ce qui est pratiqué en réalité sur le terrain, par exemple). La réalité du terrain est cruciale, cependant l'audit ne peut avoir de sens que s'il est rattaché à un référentiel, à un périmètre, à un contexte.

Il est donc important de connaitre le responsable du périmètre, sa vision, et qui valide ou prend les décisions, un responsable de service est souvent le décisionnaire, mais il n'est pas forcément celui qui a le pouvoir dans son périmètre, la nécessité de bâtir une cartographie comportementale et relationnelle pourrait s'avérer très utile.

La prise en compte de la réalité intérieure des personnes et l'amélioration de l'écoute va profondément améliorer l'efficience des appréciations de risques, la gouvernance, les plans de remédiation, les plans de continuité d'activité, la gestion de crise et la perception de la cybersécurité qu'ont les utilisateurs. Le monde de la cybersécurité utilise souvent des termes techniques ou des anglicismes, je le constate encore aujourd'hui, cela permet peut-être de développer une dépendance et un "business" comme dans d'autres secteurs, mais la démystification de ce secteur d'activité est une réelle nécessité pour développer une cyber-intelligence collective et performante.

<u>Le danger pour le traitement des risques :</u>

Les managers en gestion de risques se donnent parfois peu de temps, et leur intention est souvent troublée par l'urgence et diverses perturbations émotionnelles. Face au manque de maturité collective et émotionnelle, le cerveau du manager le rassurera même s'il prend une décision dépourvue de sens. En s'entourant de personnes ne pensant pas comme lui, le manager s'affranchit en partie de ses biais cognitifs et contribue au développement de sa propre maturité émotionnelle et de celle des collaborateurs qui l'accompagne.

Cette diversité n'est cependant possible que si un espace d'écoute sécurisant est présent et sincère.

TRANSPARENCE ET CONFIANCE

La notion de confiance entre les individus est essentiellement liée au contrôle. Prenons un exemple issu du secteur automobile ; avant de lancer une production de pièces en pleine cadence, des préséries sont fabriquées et contrôlées "dimensionnellement" sur des maquettes de contrôle. Lorsque ces préséries sont acceptées, on produit et on contrôle les premières pièces en montée de cadence progressive. Lorsque l'on est confiant sur la qualité des pièces, on espace de plus en plus les contrôles et les pièces sont livrées dans la qualité requise, le temps requis, en respectant les couts et la sécurité physique des opérateurs. Cette notion de confiance est la même entre les individus, à un détail près : les gens n'aiment pas être contrôlés et les contrats moraux ne sont souvent pas très clairs, parce qu'ils n'ont pas été abordés en profondeur jusqu'à la "factualité" (que se cache-t-il derrière les mots et les faits ?). En conséquence de quoi, les notions de confiance sont parfois limitées ou illusoires.

La transparence des relations est un élément important dans la culture d'entreprise, elle permet aux personnes de remonter des intuitions, des remarques sur les processus ou les systèmes, lors de la conception et de la fabrication, sans être éliminées par un management sans écoute et autoritariste. Elle est tributaire de la qualité des relations et de la maturité émotionnelle des individus. Cette notion de maturité émotionnelle est encore très peu développée en France, si bien que la transparence reste illusoire et représentée par ce que l'on appelle : la politesse de forme. Les répercussions financières de ce manque de transparence et de maturité émotionnelle dans les organisations sont colossales ! Et pour pallier ces problèmes de management, la tendance est de réduire les couts ou de renflouer les caisses (si l'on est sur un secteur porteur et sans grande concurrence). Dans tous les cas, ce phénomène affaiblit les organisations et désengage les employés, il fait apparaitre des dysfonctionnements exploitables par les attaquants, ou génère un turnover important accentuant la non-qualité et la perte d'expériences. La transparence peut donc paraitre illusoire sans remises en question profondes des individus ; en règle générale, les gens sont plutôt intéressés à ne pas se remettre en question, à se protéger, et à agir pour leur propre intérêt. Diminuer le nombre de vulnérabilités humaines dans les entreprises pourrait donc se jouer autour de l'humanisation des organisations et de la politesse de fond.

L’engagement émotionnel des salariés

Si le salarié n’est pas engagé à son propre poste (être engagé ne signifie pas être motivé), la probabilité pour qu’il soit engagé pour la cybersécurité de son entreprise est assez faible. En 2017, l’institut GALLUP édite “State of the Global Workplace”, une étude prouvant que si les entreprises favorisent l’engagement des salariés, elles seront gagnantes !

L'institut "Gallup" définit trois niveaux d’engagement des salariés :

“Engagé”

« Les salariés sont hautement impliqués et enthousiastes vis-à-vis de leur travail et leur lieu de travail. Ils s’approprient psychologiquement leur travail, ils sont "leaders" de la performance et de l’innovation, et ils font avancer l’entreprise ».

“Non engagé”

« Les salariés ne sont pas psychologiquement attachés à leur travail et à leur entreprise. Parce que leurs besoins pour se sentir engagés ne sont pas comblés, ils accordent du temps à leur travail, mais n’y mettent ni énergie ni passion ».

“Activement désengagé”

« Les salariés sont malheureux au travail. Ils en veulent à l’entreprise de ne pas satisfaire leurs besoins et ils font

parfois connaitre leur mécontentement. Chaque jour, ces travailleurs détruisent potentiellement le travail accompli par leurs collègues engagés ».

L'institut "Gallup" a étudié le taux d'engagement sous différents angles en 2017. En Europe de l'Ouest, nous avions le taux d'engagement le plus bas : seuls 10% des salariés étaient engagés. Le taux de désengagement était le plus haut : 19%. Selon vous, quel est le taux d'engagement des employés de l'entreprise pour laquelle vous travaillez ?

Ce niveau d'engagement comme l'image de la cybersécurité qu'ont les personnes est essentiel à comprendre avant une formation, une sensibilisation, un audit ou un accompagnement. Le facteur émotionnel est utile pour détecter ces vecteurs et pour mobiliser pleinement les individus pour une cybersécurité maitrisée et évolutive. Une expérience nommée « effet Hawthorne » vous permettra d'approfondir cette réalité. Au même titre que l'engagement suscité par les managers, les responsables de recrutement ont une responsabilité importante, ils recrutent et accompagnent dans certains cas les salariés tout au long de leur présence dans l'entreprise, ils devraient faire partie intégrante des processus de formation à la cybersécurité et au facteur émotionnel afin d'éviter de faire rentrer le loup dans la bergerie.

ATTENTION SÉLECTIVE / DÉTECTION

Au même titre qu'une organisation pourrait être agitée par sa désorganisation ou par la perte d'engagement de ses salariés, un cerveau calme comme un lac immobile permet de détecter le moindre stimulus. La détection des attaques et des infiltrations fonctionne à peu près de la même manière que la détection d'une émotion chez les individus. Si vous avez travaillé sur vos freins émotionnels et que vous avez franchi les premiers niveaux de maturité, cela vous permet de :

- Détecter une émotion en vous, de renforcer les connexions neuronales entre les amygdales cérébrales, le cortex préfrontal et l'hippocampe.
- Détecter une émotion chez une personne avant même qu'elle ne l'ait elle-même ressentie (empathie) ;
- De générer vos propres émotions consciemment, réguler votre stress et maintenir une relation émotionnelle fluide avec votre environnement ;

Aujourd'hui, des exercices et des entrainements existent pour développer sa maturité émotionnelle, ils sont opérationnels et sont en plus, dédiés à la cybersécurité ou à d'autres contextes.

SENSIBILISATION ET LIBERTÉ

Il est essentiel de mettre en mouvement les individus lors d'une sensibilisation afin de les engager (émotion : du latin, e-movere). Pour qu'une sensibilisation soit efficiente, l'objectif du formateur ne devrait pas être uniquement de transmettre des connaissances techniques, il devrait susciter l'envie et engager les personnes autour du sujet, fournir des livrables utiles et exprimés par chaque personne. Le formateur est le réel stimulateur bienveillant et non complaisant, il pose des questions socratiques (aide l'autre à trouver les réponses par lui-même) sans dominer, culpabiliser et infantiliser en étant sachant, il est au service des opérationnels « métiers » (relation client / fournisseurs).

Pour ce faire, il est conseillé de :

- ✓ Écouter et laisser un espace suffisant à l'expression de chaque personne ;
- ✓ Créer un environnement ou le désir peut s'exprimer ;
- ✓ Déceler les engagés, non engagés. Comprendre pourquoi ;
- ✓ Définir les besoins de chacun et la réalité intérieure concernant le sujet ;
- ✓ Définir les objectifs et livrables de chacun (comment puis-je mesurer que je tiens bien la fonction) ;
- ✓ Utiliser des messages clairs et simplifiés afin de favoriser l'instantanéité, la lecture simple et réduire l'infobésité ;
- ✓ Respecter le taux d'absorption d'informations d'un cerveau (infobésité) ;
- ✓ Faire vivre les situations et savoir expliquer ce qui se passe émotionnellement ;
- ✓ Ne pas répondre directement à une question, sans avoir joué le rôle de miroir, faire réfléchir en suscitant l'envie ;
- ✓ Avoir déjà vécu dans l'environnement des personnes formées ou au moins, s'y intéresser réellement ;

- ✓ Utiliser les principes de neuroéducation ;
- ✓ Intégrer une cession consacrée à la maturité émotionnelle, afin de construire les modules de sensibilisation et de formation autour de cette même cession avec des « use cases », et des questions ciblées sur famille de menace.

NB : C'est inscrit dans nos gènes, nous éprouvons le besoin irrésistible de découvrir l'inconnu. Interdictions et obligations se révèlent être souvent une souffrance pour l'homme, car elles entachent sa liberté. Braver les interdits revient à assouvir notre besoin fondamental de conquête de notre liberté. Lorsque quelque chose ou quelqu'un se présente devant nous avec une affiche d'interdit, notre côté aventureux s'active et les pirates l'ont bien compris !

EGOSYNTONIE ET EGODYSTONIE

Les personnes conscientes du caractère inadapté de leurs conduites et de leur « égo » et qui aspirent à s'en défaire sont appelées « egodystoniques ». À l'inverse, celles plus tolérantes par rapport à leurs troubles, oscillant de la méconnaissance du système émotionnel à la satisfaction de l'égo, sont appelées « egosyntoniques ». Dans les relations, celles-ci sont plus complexes que les premières, car elles ont tendance à se voir comme non responsables des conflits dans lesquels elles entrent. Elles ont des personnalités difficiles, d'où leur grande résistance au changement.

🔍 **Le changement ne fait pas souffrir, c'est la résistance au changement qui peut faire souffrir.** La résistance au changement fait appel aux différents niveaux de conscience des individus et à diverses peurs, comme la peur de l'inconnu. Il s'agit donc de comprendre quelles sont les véritables objections pour les lever. Les notions de rejet et de refus sont souvent en jeu. Entendre un « non » peut parfois être déroutant lorsque l'on n'a pas été familiarisé avec le refus, certains peuvent le confondre avec le rejet, au même titre que le désaccord et le désamour. Imposer un changement si la personne refuse de changer peut générer des frustrations et des vulnérabilités au sein de l'organisation. La capacité à poser les bonnes questions au bon moment est pleinement en jeu pour comprendre un refus, il est assez souvent lié à un évènement du passé mal vécu ou simplement à des croyances limitantes. Une cartographie de l'ensemble des relations et des profils permet également de prendre de la hauteur afin de comprendre, et d'éviter l'enfermement ou la focalisation relationnelle. Cet enfermement a pour effet de réduire l'espace utile au changement et la liberté de s'engager. Générer l'envie et un espace de liberté en travaillant sur soi et son individuation, ou prendre le pouvoir sur l'autre, telle est la question !

INITIATION ET NEURO-EDUCATION

Contrairement à la sensibilisation ou à la formation souvent fermée entre « sachants » et « non-sachants », l'initiation nait au cœur de la mise en situation, elle prend en compte le vécu unique de chacun de nous. La prise en compte des visions uniques de la cybersécurité, des contextes, des objectifs individuels et mesurables, ainsi que l'écoute active, démystifient la cybersécurité. Cela initie les personnes à s'approprier, à créer une cybersécurité adaptée à leurs besoins en relation avec les autres, cela fait émerger leur propre potentiel. À l'instar des réactions induites par un formateur transférant sa propre vision, l'initiateur ou l'accompagnateur met en mouvement en considérant les effets sur la plasticité du cerveau. Il planifie les phases d'activation neuronales nécessaires à la consolidation des réseaux (nombres et intensité), il réalise un surapprentissage lié au cône de progression, il prend en compte les transferts affectifs entre différents contextes, la récupération en mémoire, évite les surcharges mentales, il alterne les approches actives de production et les phases passives d'écoute ou de lecture, il réduit l'oubli et les distractions cognitives durant l'apprentissage. Et surtout ! il génère du plaisir !

L'image de la cybersécurité dépend de notre vécu, de notre histoire et de nos croyances (convictions), elle est donc unique pour chacun de nous. Avant une initiation, un accompagnement ou un audit, il est donc préférable de visualiser les images mentales des personnes en y associant les émotions ressenties, et de positionner la personne dans l'action ; cela permet de comprendre quels sont les principaux freins émotionnels, avant tout apprentissage et activation neuronale.

Selon vous, quel est le temps maximum d'une activation neuronale (phase d'éveil) ?

L'HORIZONTALITÉ

La verticalité est souvent associée au genre masculin et l'horizontalité est souvent associée au genre féminin. La femme à des prédispositions naturelles d'accueil et une capacité à sortir du cadre, elle a la capacité de porter un enfant qui ne fait pas partie d'elle-même, ce qui n'est pas le cas pour l'homme. Prenons un exemple réellement vécu.

Une attaque vient d'avoir lieu, une action de rétro-engineering (recherche de la cause initiale) est enclenchée afin d'identifier la provenance et la typologie de l'attaque. Les hommes majoritairement présents proposent de démonter les équipements informatiques et plus particulièrement les disques durs. Ils cherchent les failles, mais ne trouvent rien. Au lieu de se focaliser sur une recherche ciblée, une femme propose de contacter le fournisseur des disques et de lui poser une question simple. Les hommes de son équipe se demandent bien pourquoi perdre son temps à chercher ailleurs que sur les disques durs.

Après avoir posé cette question simple, la piste est enfin trouvée. Selon vous, quelle est-elle ?

LA GESTION DE PROJET

Avant de pouvoir gérer un projet, encore faut-il avoir une vision et y croire soit même. Cela pourrait faire sourire, mais les premières questions à se poser sont assez rarement posées. Qu'est-ce que je veux ? Pourquoi je le veux ? À quoi ça sert ? À qui ça sert ? Quel le « délivrable » ? Comment puis-je mesurer que j'ai tenu ma fonction, que j'ai fait du bon travail ?

Sans votre vision et des réponses claires à ce type de questions, il sera difficile d'engager les personnes autour d'un futur désirable dans le temps. Elle pourrait être par exemple : dans deux ans, et en France, le facteur émotionnel sera incontournable dans le secteur de la cybersécurité. Comment mesurer cet état de fait ? Quels sont les moyens à mettre en place pour y arriver ? Quel est le projet ?

Votre vision trouve sa force dans vos véritables valeurs et vos vrais besoins, ceux qui étaient présents lorsque vous rêviez, avant que les dictats ne vous enferment dans votre carapace, ou vous désaxe avec un « égo » protecteur. La vision est avant tout porteuse d'un véritable sens basé sur un désir profond et vrai.

Le projet est défini dans un périmètre défini dans l'espace et dans le temps. Cette durée sera véritablement votre rythme et celui de votre équipe, votre relation avec le temps, ce que vous voulez vraiment, votre maturité émotionnelle et vos partenaires sont les piliers de votre réussite. Votre projet est le chemin pour parvenir à votre vision, il devrait être simple. Un projet sur une période trop longue risquera d'essouffler vos équipes, l'inverse risquera de positionner vos équipes dans l'urgence (vous et votre équipe attendrez de sortir du tunnel dans le déplaisir en gérant vos frustrations). Élaborer un rétroplanning (en partant du point d'arrivée) vous permettra plus facilement de constater que les temps de traitement des actions nécessaires pour obtenir le « QCDS » (Qualité, cout, délai et sécurité) ne rentrent pas dans les cases, et donc d'y réfléchir en amont, d'éviter de repousser un délai de réalisation, d'intégrer les répercussions des actions projet sur les phases d'exploitation, de connecter les actions projet à la réalité des utilisateurs (rôles différents et contingences différentes) et par conséquent d'éviter d'engendrer des surcouts. Lorsque les différentes phases de projet sont longues et que la production documentaire est non connectée à l'utilisation finale (projet de 5 ans ou plus), les problèmes qualité sont cumulés sur les phases d'installation et d'exploitation, elles deviennent couteuses. Relier les impacts métiers à chacune des actions d'élaboration en phase de design ou lors des analyses de risques est un impératif, l'écoute terrain et la capacité d'écoute émotionnelle a donc un intérêt non négligeable pour réduire les couts de production, ou du moins, éviter de les augmenter de manière considérable. Dans ce cas, la plupart des entreprises traitent les conséquences en réduisant les couts liés aux moyens (humains, matériel...), ce qui met sous stress les employés, au lieu de traiter les causes racines souvent connues par les opérationnels du terrain.

Afin d'identifier vos véritables valeurs et vos besoins, les techniques comme, entre autres, l'« Ikigai » ou la CNV peuvent vous permettre de prendre un peu de hauteur, de mieux vous connaitre, ce sont des outils puissants recentrant sur vos essentiels. Cependant, ces techniques sont utilisées en fonction de votre maturité émotionnelle et les effets peuvent être parfois limités par vos propres freins émotionnels ou ceux de l'accompagnant. Le développement de la maturité émotionnelle fait appel à un processus d'accompagnement spécifique visant un objectif, il aborde les notions d'images maternelles, d'images paternelles, de notion de temps, d'espace, de gestion des rôles, et des freins émotionnels eux-mêmes. Des exercices liés à la cybersécurité sont opérationnels, ils enclenchent un processus de compréhension et de ressenti de ce qui se joue, ils font prendre conscience de la manière dont ils se construisent mentalement, et comment ils interagissent entre eux, ces exercices abordent également le fonctionnement du système hormonal, nerveux et neuronal.

Unicité et maturité émotionnelle / La roue des émotions / L'encéphalogramme / Les informations dans le cerveau / La relation au pouvoir et à l'autorité.

Vous êtes peut-être passionné par la cybersécurité, mais ce n'est peut-être pas le cas pour tout le monde, et votre passion ne suffira pas à engager vos équipes dans le temps. Derrière cette passion, le sens profond de vos actions est nécessaire.

Plus votre projet sera humain et vrai et plus votre projet sera porteur d'espoir et de vie, **le chef de projet devrait être inspirant et dans l'écoute émotionnelle.**

Nous pouvons tout à fait imaginer qu'un jour les opérateurs rédigeront naturellement leurs propres modes opératoires en fonction de la réalité du terrain, ils s'approprieront leurs propres territoires, les managers nourris des besoins opérationnels seront assez matures pour obtenir auprès des décisionnaires les moyens. Une écoute active du terrain et bidirectionnelle permettra aux équipes d'être proactives et créatives. Proposer des objectifs mesurables, créer des relais managériaux porteurs d'une vision partagée, procéder à des appréciations de risques graduelles et évolutives en fonction du « scoring métier » (évaluation des degrés d'importance) du « DICT » (disponibilité, intégrité, confidentialité et traçabilité des données), effectuer des revues régulières basées sur l'efficience et non sur l'efficacité, rentabiliser financièrement des projets cybersécurité...

Autant d'actions et de projets possibles permettant de sécuriser un système d'information dans le cadre d'une vision, et non pas sécuriser un système d'information uniquement pour le sécuriser en générant de la peur et de la mystification.

II. Cartographie et pare-feu humain : Etre resilient.

ATTENTION

Ce chapitre décrit une proposition d'étude à développer avec les fonctions « métier » de l'entreprise concernée. Cette proposition est issue d'un processus testé dans un autre cadre, elle a donné des résultats très convaincants (cf page 78).

Il est conseillé d'utiliser les outils présents dans ce chapitre par l'intermédiaire d'une société extérieure à l'organisation concernée. Les processus doivent être cadrés par un objectif mesurable dans un périmètre et un contexte défini. Les audits, les exercices et les accompagnements nécessitant l'utilisation de ces outils sont bordés par une charte de confidentialité et d'éthique. Ils doivent être utilisés uniquement à des fins liées à la protection d'un système d'information et des données personnelles.

Cartographier et mesurer la maturité émotionnelle d'une organisation

La cartographie permet de disposer d'une vision commune et partagée du facteur émotionnel au sein de l'organisation. C'est un outil indispensable au pilotage de l'évolution de l'organisation face aux menaces. Elle facilite également la capitalisation d'expérience et la prise de décision grâce à un langage simple et visuel ; ce qui permet de manière générale d'assurer le maintien en condition de sécurité et d'améliorer le niveau de maturité de l'organisme en matière de sécurité numérique.

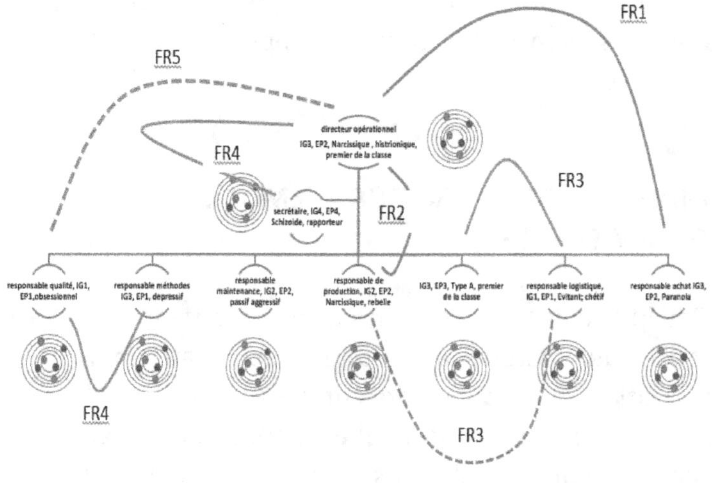

La « CCR » (carte comportementale et relationnelle) est une cartographie représentant le positionnement des divers profils et de l'état des relations internes.

Elle est la schématisation de la matrice comportementale et de la matrice relationnelle que nous verrons plus loin. Il est recommandé de segmenter ces « CCR » en définissant des territoires et en précisant qui est le responsable de chaque territoire. Une autre carte pourra représenter l'ensemble de ces territoires et les niveaux relationnels entre chaque responsable de territoire. En fonction des objectifs (mesurables et mesurés) et de la vision de ce responsable de territoire, un plan d'action agile et évolutif pourra être mis en pratique afin de construire un pare-feu humain.

Dans l'exemple de cette cartographie simplifiée, les lignes relationnelles pleines symbolisent une relation fréquente, les lignes relationnelles pointillées symbolisent une relation non fréquente, vous pouvez utiliser des couleurs afin de symboliser le niveau de fluidité relationnelle (excellentes, bonnes, mauvaises, exécrables). Les indices « IG », « FR », « MP » que nous verrons aux chapitres suivants, les profils comportementaux et les cibles relationnelles y sont mentionnés.

L'INDICE DU FACTEUR ÉMOTIONNEL D'UNE ORGANISATION (IFE)

Cet indice est utilisé comme indicateur essentiel à la maitrise du facteur émotionnel et relationnel d'une organisation. Le calcul de cet indice fait appel à des compétences d'audits particulières considérant avant tout le facteur émotionnel, il est vivement recommandé de calculer cet indice auprès d'au minimum deux personnes, de manière à croiser les informations, d'éviter l'emprise émotionnelle, d'enrichir la qualité des questions, de profiter de l'intelligence collective. Cet indice est généralement accompagné de la cartographie comportementale et relationnelle.

Un audit ponctuel (écoute terrain) à un instant précis ou un accompagnement peuvent être utilisés pour déterminer les trois facteurs nécessaires à la construction d'une « CCR » et du calcul de l'IFE.

- L'indice gâchette (IG) ;
- L'indice de fluidité relationnelle (FR) ;
- L'indice de Maturité émotionnelle et de pouvoir (MP).

L'INDICE GÂCHETTE (IG)

L'indice gâchette est déterminé en construisant une matrice comportementale. La matrice est un tableau indiquant clairement quels sont les types de comportements rencontrés pour chaque personne présente dans l'organisation. Elle met en avant les points d'amélioration sur lesquels il est conseillé de travailler et de s'entrainer. Des typologies d'attaques différentes et contextuelles sont utilisées pour entrainer les principaux acteurs à détecter leurs propres vulnérabilités comportementales, et à réduire les cascades émotionnelles (recherche de coupable). Ces exercices peuvent être utilisés pour gérer les conflits internes susceptibles d'exploser en cas d'incident, ou de mettre en évidence les personnes présentant un risque supplémentaire lors de la gestion de crise (personnes ayant subi un choc émotionnel important avant l'attaque, peu résilientes et peu mature émotionnellement).

L'indice gâchette est la probabilité pour que l'individu se fasse piloter par ses émotions, ses croyances, cela dans un contexte et un périmètre désigné avant l'étude, il restera confidentiel, anonyme et basé sur la fonction.

Très forte	Forte	Assez fort	Faible	Très Faible
1	2	3	4	5

Cotation de l'indice gâchette « IG »

Rôles	Profil comporte-mental	Gâchettes	Croyances individuelles	Indice Gâchette IG
Directrice qualité	Type A / Dépendant	Négocier à chaud Prendre ses décisions à sa place	...	2
DSI	Narcissique / obsessionnel	Être en opposition systématique L'embarrasser de signe d'affection	...	2
Directeur industriel	Anxieux / obsessionnel / paranoïa	L'effet de surprise Être vague dans ce qui est énoncé Être ironique	...	1

Exemple de matrice comportementale

La liste de profils comportementaux évolue en fonction des années, des typologies d'attaques et de l'évolution des gâchettes. Nous entendons par gâchette, tout ce qui peut faire réagir une personne sous l'émotion de manière non maitrisée, inconsciente.

Dans cet exemple l'indice gâchette moyen reliant ces trois personnes est de 1,6. Il représente la moyenne des valeurs « IG ».

L'INDICE DE FLUIDITÉ RELATIONNELLE (FR)

C'est la moyenne de la qualité de tous les niveaux de relations « FR ». Il met en évidence les conflits internes non gérés et le niveau de confiance instauré entre les individus. Cette matrice est confidentielle et anonymisée, on peut y associer la cible relationnelle de chacune des personnes.

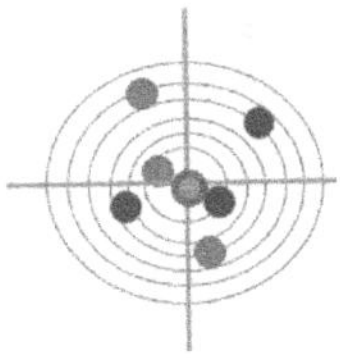

Cible relationnelle personnelle.

Au centre est positionné l'individu en question. Et autour de lui, gravitent les relations plus ou moins joyeuses et rapprochées.

Relation conflictuelle très forte.	Relation conflictuelle forte.	Relation conflictuelle faible.	Relation fluide	Relation d'alliance forte
1	2	3	4	5

Cotation de l'indice de fluidité relationnelle « FR »

	Directeur industriel	Directrice qualité	DSI
Directeur industriel		2	3
Directrice qualité	2		2
DSI	5	2	

Exemple de matrice relationnelle.

L'indice de fluidité relationnelle de ces trois acteurs est : 2,6

L'INDICE DE MATURITÉ ÉMOTIONNELLE / POUVOIR (MP)

L'indice de maturité émotionnelle se définit en partie par rapport à deux critères : le pouvoir que peut avoir une personne sur le reste de l'organisation et sa propre maturité émotionnelle. Il peut également se schématiser par un graphe ayant pour valeurs d'abscisse le niveau de pouvoir et pour valeur d'ordonnée le niveau de maturité. Le nuage de points représenté par un groupe de personnes permettra de visualiser quelle est la tendance générale de l'organisation.

Rappelons ce que sont le pouvoir et la maturité émotionnelle :

Le pouvoir : Lorsqu'une personne a du pouvoir sur une autre personne, cela signifie qu'elle détient ce que désire l'autre en quantité limitée. Prenons l'exemple d'un technicien ou d'un responsable qui est le seul à effectuer une tâche cruciale au fonctionnement de l'organisation, il détient un certain pouvoir vis-à-vis des autres personnes.

La maturité émotionnelle est déclinée selon les 5 niveaux :

Niveau 0 / le déni de ses émotions : je crois que je contrôle tout par la volonté, j'intellectualise, je refoule mes émotions, je n'ai pas besoin du système émotionnel.

Niveau 1 / la conscience de soi : C'est la capacité à identifier ses émotions et à les nommer, à reconnaitre leur influence.

Niveau 2 / la maitrise de soi : Cela consiste à canaliser ses émotions et à s'adapter aux situations (la canalisation n'est pas un contrôle).

Niveau 3 / la conscience de l'autre : Cela englobe la capacité à détecter et comprendre les émotions d'autrui et à agir en conséquence.

Niveau 4 / la maturité sociale : Cela correspond à la capacité à résoudre les conflits, à inspirer et influencer les autres pour favoriser leur développement.

Relation entre pouvoir et maturité	Personnes peu matures émotion-nellement et ayant peu de pouvoir	Personnes peu matures émotion-nellement et ayant du pouvoir	Personnes matures émotion-nellement et ayant peu de pouvoir	Personnes matures émotion-nellement et ayant du pouvoir
Indice	1	2	3	4

Cotation de l'indice Maturité / Pouvoir « MP »

Il sera plus complexe de déployer une sensibilisation à la cybersécurité, ou d'obtenir des informations lors d'interviews, lorsque vous êtes dans une organisation où les personnes sont peu matures et ont beaucoup de pouvoir.

	Indice MP
Directrice qualité	2
DSI	1
Directeur industriel	3

Exemple de matrice MP.

L'INDICE DU FACTEUR ÉMOTIONNEL (IFE)

L'IFE est calculé de manière quantitative en multipliant entre eux : L'indice de maturité (MP), l'indice de fluidité relationnelle (FR) et l'indice gâchette (IG). Plus l'IFE est important et plus votre organisation est émotionnellement préparée à s'engager dans la cybersécurité dans l'envie, à déjouer les attaques et à être résilient.

IFE	1 à 10	11 à 19	20 à 39	40 à 59	60 à 80	80 à 100

COMMENT AMÉLIORER l'« IFE »

Développer la maturité émotionnelle des personnes exige de les positionner dans une zone d'inconfort, d'être bienveillant, mais sans complaisance.

Ce type d'exercice doit être piloté par les experts en intelligence émotionnelle et les experts techniques du métier, et bien entendu avec l'autorisation et la volonté des personnes concernées. Les audits ponctuels EQ (Emotional Quotient) sont également utilisés pour faire émerger les opportunités d'amélioration liées au facteur humain et initier une vraie conduite de changement.

Cette maturité se développe avec un accompagnateur opérationnel ayant une maturité suffisante pour mettre en évidence une majorité de freins émotionnels pendant l'exercice. Une liste de vulnérabilité EQ est donc émise, les freins peuvent être ensuite levés au cours d'un accompagnement personnalisé ou de groupe, et la volonté de la personne concernée. Ce programme peut être mis en place pour les fonctions stratégiques et uniquement pour les personnes voulant se remettre en cause. Des exercices concrets existent et sont opérationnels, ils ont donné des résultats probants de satisfaction auprès des branches universitaires spécialisées en cybersécurité, et auprès des entreprises innovantes, en demande d'une vraie remise en question de la part des individus.

Le processus concernant ces exercices est ponctué de validation permettant de franchir six étapes, elle vise à préparer et à gérer émotionnellement une crise cyber. Une validation finale est réalisée autour de simulations et de jeux de rôles autour de 3 types d'organisation : une organisation normale, une organisation constituée de profils ayant vécu des chocs traumatiques et une organisation constituée de profils résilients. Chacun de ces seuils est à définir avec les responsables de périmètre.

Avant de commencer à cartographier votre organisation, il pourrait être utile de commencer par cartographier l'organisation que vous connaissez le mieux, et depuis longtemps.

Laquelle est-ce selon vous ?

UN PROCESSUS D'ENGAGEMENT POUR LES FONCTIONS « METIER »

La « CCR » et l'« IFE » découlent directement d'un processus d'écoute active ayant déjà fait ses preuves dans certaines entreprises.

Ce processus d'écoute découle directement des concepts liés au facteur émotionnel, l'atout supplémentaire est d'avoir des connaissances en matière d'architecture réseau, des fondamentaux liés à la cybersécurité, de la connaissance des référentiels de la cybersécurité et de la connaissance des métiers engagés dans la démarche. Il est recommandé de construire une équipe de plusieurs personnes globalisant l'ensemble de ces critères. Une phase préliminaire est nécessaire avant toutes écoutes sur le terrain. Elle est destinée à comprendre ce que veut le dirigeant ou le « RSSI » (responsable de la sécurité du système d'information) et à l'écrire très clairement. Un microdiagnostic est ensuite effectué sur le terrain afin de confronter la vision du dirigeant ou du « RSSI ». Le livrable étant une petite synthèse et un plan d'action anonymisé et confidentiel à destination du dirigeant ou du « RSSI ». Les 5 étapes de l'accompagnement peuvent ensuite être conduites de la manière suivante :

Phase 1

Quel est le projet ? Son sens ? Sa viabilité ?

Ce projet est-il cohérent avec ce que veut le dirigeant ou le « RSSI » pour lui-même ? Pour son entreprise ? Pour ses collaborateurs ?

Livrable : Un projet explicité et décliné en termes opérationnels par le dirigeant ou le « RSSI ».

Phase 2

Analyse détaillée de la situation, appropriation et préconisations.

Livrable : Deuxième appropriation par le dirigeant ou le « RSSI » de la situation réelle et des recommandations d'action. Communication auprès des collaborateurs de cette recommandation.

Phase 3

Confrontations de la réalité du terrain, des désirs des employés au projet du dirigeant ou du « RSSI ».

Identification et mise en place des relais managériaux opérationnels, sur la base du volontariat, pour prendre le "leadership" sur les territoires / Identification des premiers freins.

Livrable : Plan d'action (avec délais) créé par les relais managériaux. Définition des fonctions / Appropriation et engagement réel des managers / Simulation financière du déroulement des actions / Communication par le Dirigeant ou le « RSSI ».

Phase 4

Mise en œuvre du plan d'action avec implication du terrain dans ses détails opératoires en partant des « points contact » avec le client de la frontière de l'entreprise (cf. impacts sur les organisations, cf. Index).

Appropriation des objectifs et du plan d'action par les collaborateurs terrain.

Livrable : Des processus fondés sur des relations clients / fournisseurs portés par des opérationnels engagés, soutenus par la mise en place d'une intelligence collective. Un processus d'écoute permanent supporté par une base de données, mémoire de l'entreprise dans le cadre de l'amélioration continue.

Phase 5

Suivi pour pérennisation des acquis de la phase 4 et amélioration continue. Obtenir la performance opérationnelle et managériale pour garantir l'amélioration constante de la protection du système d'information.

Livrable : Une organisation autonome et responsable dans la gestion quotidienne et naturellement en amélioration continue. Une organisation désireuse d'avoir un monitoring extérieur permettant de se « benchmarker » en permanence.

DISPOSITIFS DE SURVEILLANCE PARTICULIERE

La carte comportementale doit mettre en évidence d'autres aspects comme ceux liés aux rôles des individus dans l'entreprise et aux familles de menaces (étatiques, individus isolés...). Nous n'évoquerons pas quels sont les dispositifs de surveillance et de protection destinés aux dirigeants, cependant on peut se poser la question concernant un administrateur qui a tous les droits et qui a une bonne connaissance des processus de production, ou d'une machine. Que se passe-t-il si cet employé quitte la société ? Quel est le risque ?

Les points forts que vous avez retenus

Le pare-feu humain et les indicateurs

La maturité d'un pare-feu humain est essentiellement basée sur la canalisation des émotions, sur la capacité de dire « non » en posant les bonnes questions, et sur la puissance de détection des anomalies invisibles techniquement. Ces trois composantes intègrent pleinement certains aspects liés à la défense en profondeur, ils sont interdépendants et ils impliquent la diversité avec la redondance partielle. Pour évaluer cette maturité et paramétrer le pare-feu, il est essentiel de mettre en place un processus d'écoute encadré par une grille d'évaluation et une charte. Une grille d'évaluation et des questions préparées sont alors utilisées en simulant une situation de stress ou une situation permettant de détecter une même anomalie par au moins deux processus de perceptions différentes. En le positionnant dans un réseau (cartographie des relations) il sera possible de mettre en évidence les déclencheurs (sources), les différentes bulles (groupes de personnes en fonction des types de profils ou des besoins métier), de comprendre l'impact et de déterminer avec exactitude la maille de la protection. Au même titre qu'un pare-feu technique, une liste blanche ou une liste noire d'activation comportementale pourraient exister par l'intermédiaire d'une courbe de vigilance et de règles de réactions. Différentes formes de stress pourraient alors tester l'efficience du pare-feu afin de déjouer une attaque ou une reconnaissance par ingénierie sociale.

Rappelons que le stress est une réaction naturelle de notre organisme, elle se produit chaque fois que l'on doit faire un effort pour s'adapter à une situation. C'est cet effort et cette capacité à résister et à détecter les frémissements d'un changement de situation qui sont en jeu ! Détecter la « presque-attaque » et agir rapidement !

Les composantes psychologiques et physiologiques sont alors prises en compte en fonction des typologies d'attaques émotionnelles, elles-mêmes dépendantes des menaces, des individus et de leurs vulnérabilités. Ce pare-feu est régulièrement mis à jour via la création de nouvelles mises en scène issues de l'ingénierie sociale, des livrables obtenus pendant les écoutes « terrain », les audits, les accompagnements « métier » et l'étude des menaces.

Le pare-feu humain est capable de détecter une variabilité ou un incident invisible techniquement. Il permet également de créer des brouillards ou des pièges pour les attaquants. Il engage les personnes dans leur mission, il diminue les couts d'investissement des équipements, le cout du maintien en condition opérationnelle, et renforce une organisation dans le cadre de son développement.

LES ENTRAINEMENTS AUX HAMEÇONNAGES

Selon l'enquête CESIN-OpinionWay, 73% des entreprises déclarent l'hameçonnage comme vecteur d'entrée principal pour les attaques subies en 2021, devant l'exploitation des failles logicielles/configurations (52%) et les arnaques au président (38%).

L'utilisation de certains mots a un impact spécifique sur les comportements, tout comme le changement de contexte (la modification d'un logiciel, d'une architecture, changement d'environnement...). Les exercices d'hameçonnage (phishing) sont utiles pour la première sensibilisation à la cybersécurité. En revanche, ils ont leurs limites et ne peuvent pas être utilisés comme des indicateurs de performance liés à la sensibilisation. Les femmes et les hommes ne sont pas des machines, ils sont uniques et réagissent en fonction de leurs croyances, des contextes et de leurs environnements. Rappelons que le choix des mots peut faire réagir un certain de type de profil et pas les autres. Si l'on se confère à la « cyber kill chain », une campagne d'hameçonnage, où le positionnement d'un système analysant et détectant techniquement certains faits inhabituels au sein d'un réseau sera inutile pour détecter une phase de reconnaissance de profils comportementaux, seul le pare-feu humain aura de grandes chances de la détecter. Les phases d'armement, de livraison et d'exploitation seront également détectables humainement. Les entrainements aux hameçonnages pourraient donc s'avérer intéressants afin de contribuer à la construction d'une « CCR » représentative du terrain. Les campagnes d'hameçonnage pourraient mettre en évidence les types de profils ou le niveau de maturité émotionnelle vis-à-vis du pouvoir ou d'autres facteurs.

MISE À JOUR DU PARE-FEU

Les clés du succès de ce pare-feu sont assez simples, elles vont dépendre de la maturité des acteurs majeurs de l'entreprise (dirigeant, managers...), de la capacité qu'ont ces mêmes acteurs à écouter émotionnellement les membres de leur équipe, du travail simultané entre la technique, l'organisation et le comportement humain. Vous êtes un facteur important du pare-feu humain, travailler sur votre maturité émotionnelle permettra de :

- Rester à l'écoute pour pouvoir comprendre une situation quand vous découvrez qu'elle ne vous convient pas ;
- Pratiquer une écoute active, de vos collaborateurs, de votre environnement, et des attaquants pour appréhender leur réalité ;
- Être en capacité de reporter des faits réels à votre responsable, et d'obtenir de ce dernier, des projets et les moyens indispensables à leur réalisation ;
- Atteindre les derniers niveaux de maturité émotionnelle pour anticiper les changements de comportements ou prédire une situation avec une forte probabilité ;
- Déceler les vulnérabilités liées au comportement ;
- Analyser les traces orales ou écrites ;
- **Éviter de mettre en place une organisation et des processus complexes ou compliqués, pour compenser les freins émotionnels et les craintes des uns ou des autres.**

LES INDICATEURS

La cybersécurité est avant tout un facteur de confiance numérique pour les clients. Elle est présente ou absente, il n'y a pas de demi-mesures. Le « DICT » (Disponibilité, intégrité, confidentialité et traçabilité) est portée par un axe humain, technique et organisationnel. Dans ce cadre, la construction de son système de management de la sécurité de l'information (SMSI) est importante. L'implémentation des normes liées à la cybersécurité représente un investissement financier important et nécessaire pour une organisation. Elle repose sur un vrai engagement de la direction, le périmètre, les ressources, mais surtout sur l'appropriation et l'engagement des utilisateurs.

Dans le cadre de l'amélioration continue et de la preuve constituant la confiance, les indicateurs sont importants. Sans indicateurs et contrôles, il ne peut y avoir de confiance et d'amélioration puisque l'on ne peut pas la mesurer.

Mais comment mesurer précisément et sur quels critères ?

Les critères « métier » utilisés dans les industries sont souvent basés selon les critères suivants : Qualité, cout, délai et sécurité. Le développement de la maturité émotionnelle des personnes dans le cadre de la cybersécurité peut représenter un souffle nouveau, pour l'organisation, c'est une opportunité de croissance durable. Les indicateurs relatifs à la cybersécurité peuvent donc tout à fait être en corrélation avec les indicateurs de performances d'une organisation, une demande de rançon aura certainement des impacts sur l'aspect financier, un déni de service pourrait impacter les délais de livraison ou la disponibilité d'un équipement. Il est possible de trouver une liste d'indicateurs dans les livres spécialisés liés au système de management du système d'information. Ils devraient au minimum :

- Avoir un objectif ;
- Être fondé sur un modèle analytique ;
- Être associé à des critères de décision ;
- Être assorti à une fréquence ;
- Avoir un responsable de collecte ;

Dans ce cadre, les audits comportementaux, les cartes comportementales et l'IFE pourraient apporter un nouvel éclairage, comme celui de déceler et d'observer de nouvelles variabilités invisibles techniquement (incident ou préparation d'attaques), cette même variabilité est à l'origine du « shadow IT » ou de modification de processus inconnu ; cela à l'insu des managers, puisque les opérateurs du terrain ne sont pas réellement écoutés émotionnellement.

La crise et la résilience

Ce chapitre aborde différentes phases liées à la gestion de conflit et de crise : l'alarme, la résistance, l'épuisement ou la résilience.

ALARME

DÉTECTION DU SIGNAL D'ALARME

MOBILISATION DES RESSOURCES POUR PRÉPARER L'ORGANISME À UN EFFORT

RÉACTION DU SYSTÈME NERVEUX ET HORMONAL

RÉSISTANCE

ADAPTATION DE L'ORGANISME

RÉACTION DE LUTTE OU DE FUITE

RÉACTION DU SYSTÈME NERVEUX ET HORMONAL

ÉPUISEMENT	**RÉSILIENCE**
SI L'AGENT STRESSANT PERDURE, L'ORGANISME N'EST PLUS CAPABLE DE SOUTENIR L'EFFORT CRISTALLISATION DE L'ÉVÈNEMENT, QU'IL SOIT PRÉSENT OU NON DÉVELOPPEMENT PSYCHIQUE DE L'INDIVIDU DIFFICILE, VOIRE IMPOSSIBLE, RÉGRESSION	RETOUR À LA NORMALE DE L'ORGANISME MÉTABOLISATION DE L'ÉVÈNEMENT L'INDIVIDU CONTINUE À SE DÉVELOPPER PSYCHIQUEMENT

Après un choc émotionnel, quelles sont les conditions qui permettent de vivre le mieux possible ? De continuer à évoluer ? Nous pourrions définir **la résilience** comme suit : la reprise d'une croissance après un traumatisme ; nous transformons en opportunité ce qui nous a fait souffrir, nous continuons à nous développer. Le plus difficile étant de découvrir quels sont les facteurs qui permettent de reprendre ce développement, de comprendre et d'apprendre ce qui s'est joué, avec un regard positif orienté vers l'envie.

Pour ce qui est d'un choc émotionnel, Il est utile de dissocier le trauma du traumatisme. Ces deux types de souffrances successives nous différencient des animaux. **Le trauma est le fait,** il provoque une première souffrance générant une déchirure, une agonie psychique, une absence de réaction, c'est la sidération. En analysant en image un cerveau à cette étape, on constate que le cerveau s'inhibe. **Le traumatisme est la représentation mentale de ce que l'on a vécu**. Si le traumatisme n'est pas traité, il devient un choc ou syndrome post-traumatique. Nos organisations sont constituées d'individus ayant vécu des chocs émotionnels dans leurs vies. Les attaques informatiques ou les crises sont connues pour être violentes et génératrices de stress, considérer ces facteurs permet de prendre en compte les états d'être et émotionnels des personnes avant une attaque, et de travailler sur la résilience avant et après la crise. En clair, si un travail de fond n'est pas réalisé pour « traiter vos casseroles », elles ressortiront inconsciemment tôt ou tard. La résilience se construit sur deux facteurs essentiels, celui de la sécurité psychique et celui de la parole et de l'écrit. Après des attentats, la quête de lien humain suivi d'une quête de sens liée à la compréhension est nécessaire. Il est donc recommandé que les personnes parlent et métabolisent ce qui s'est déroulé avant que l'évènement ne se cristallise. Les personnes qui s'isolent après une attaque en générant des syndromes de héros indiquent clairement que l'organisation est constituée de personnes peu résilientes, l'organisation se raccroche alors à un héros gonflé par « l'égo » et devient infantilisée. Il est donc crucial de prévoir des écoutes et de faire revivre les situations traumatisantes en étant accompagné (psychodrame). Cette écoute aura pour vocation de libérer la parole, de manière verbale ou par l'écrit et ainsi de construire ou de renforcer les connexions neuronales. Et oui ! Le cerveau est remodelé sans cesse par notre vécu, c'est ce que l'on appelle la plasticité du cerveau. Au XIXe siècle, Ramon y Cajal, spécialiste du système nerveux, prix Nobel de médecine en 1906, affirmait déjà que l'exercice mental était capable de modifier l'organisation cérébrale en favorisant le développement des prolongements des neurones. Après un incident ou une attaque, renforcer par la technique, ou l'organisation un système d'information est important, mais n'a pas de lien connu avec la résilience émotionnelle. Celle-ci est basée d'un point de vue neurologique, sur la "conduction salpatoire " (vitesse de conduction de l'information entre neurones en relation avec la gaine de myéline), et sur la naissance de nouvelles connexions (épines dendritiques). Cette flexibilité cognitive permet donc de réinvestir pleinement la relation entre le cortex, les amygdales cérébrales et l'hippocampe, nous raisonnons mieux, c'est clairement ce qui est en jeu pour détecter et réagir à une attaque.

LA PRÉPARATION DE CRISE CYBER

Lors d'une crise Cyber, le principal objectif de l'organisation est de retrouver la confiance de son écosystème, l'homéostasie de son organisation. Si le RSSI avait tout son temps pour le faire ce ne serait pas un problème, mais ce n'est pas le cas, ce qui vient agiter émotionnellement le RSSI et toute l'organisation est certes l'attaquant, mais c'est avant tout le temps. Le temps a donc un certain pouvoir ; sans temps, le devoir est simplement un vœu pieux, c'est la raison pour laquelle il est important dans la planification, la gestion de projet, il est la manifestation de ce que l'on veut vraiment pour nous et nous positionne face à nos peurs. Notre relation avec le temps représentant une forme de pouvoir est donc importante. Le fait de l'avoir traité en partie avec les images maternelles est une aide précieuse, mais la probabilité que l'on ait de retrouver ce cas de figure dans les organisations est encore faible, il est donc nécessaire de prendre le temps de se préparer à une crise, le temps devient dans ce cas un allier, un moyen, il appartient pleinement à l'organisation et n'est qu'une affaire de priorité.

Prendre son temps pour en gagner, mais comment ?

- S'entrainer et apprendre de ses erreurs, c'est le nom que l'on donne au mot « expérience », et ainsi faire naitre des processus opérationnels vécus par l'organisation ;
- Dissocier l'important de l'urgent, qu'est ce qui est vraiment important pour la DSI, les fonctions métiers et la direction, que va-t-on privilégier lors d'une crise ? Qu'est-ce qui compte le plus ?
- Gérer les conflits internes qui éclateront certainement pendant la crise ou la rendra difficilement gérable dans la fluidité, cela s'appelle gérer les relations et non pas gérer l'humain ;
- Créer plusieurs groupes de travail pour :
    - ✓ Installer des dispositifs de détection, permettant de s'assurer pendant une crise que l'attaquant ne lance pas une nouvelle attaque ;

- ✓ Préparer les aspects légaux, la traçabilité des preuves avant qu'elles ne soient détruites ;
- ✓ Mettre en place un processus sécurisé qui sera utilisé pour communiquer de manière sécurisée et non visible par l'attaquant ;

- Obtenir des renseignements techniques sur l'attaque, le profil comportemental de l'attaquant, ce que les membres de l'organisation ont ressenti et quels sont leurs besoins, l'étendue de l'attaque (périmètre) jusqu' à la levée de doutes. Ses données deviendront stratégiques pour bâtir un plan de remédiation et de résilience ;
- Faire appel à des ressources privées ou étatisées capables d'aider l'organisation ;
- De se former sur les aspects techniques, organisationnels et émotionnels par des organismes reconnus dans la profession ;
- Surveiller ce qui se passe sur le « dark web ». Savez-vous que les attaquants monétisent leurs trouvailles et leur chemin d'attaques en revendant les informations sur internet ?
- Gérer ses ressources, les états émotionnels et de fatigue des équipes, cette gestion est importante lors du déclenchement, de la phase d'investigation et surtout de la phase de remédiation, les exercices liés au développement de cette intelligence collective sont aujourd'hui opérationnels ;
- Éviter le conditionnement (focalisation ou restriction dénuée de créativité et de flexibilité) en développant la maturité émotionnelle des personnes et en libérant l'intelligence collective.

LA CLE DE LA RÉUSSITE POUR UN PROJET CYBER-COLLECTIF

La méthode coercitive donne peu de résultats dans le temps. Durant toute sa vie, l'humain est animé par le ludisme, il recherche souvent l'amusement, quel que soit son âge. Il a besoin de se projeter, d'avoir des objectifs définis dans le temps, d'avoir un futur souhaitable. Le chemin vers ce futur souhaitable devrait se faire dans le plaisir. Voici quelques rappels liés à l'engagement :

- Comprendre et ressentir que les exigences du dirigeant ou du RSSI doivent se confronter à la réalité du terrain ;
- Comprendre et ressentir que le manager a, comme principale valeur ajoutée, d'aider les opérationnels dans la résolution des problèmes factuels qu'ils rencontrent et donc sortir de l'idée que c'est au manager d'avoir des solutions ;
- Comprendre et ressentir qu'un problème existant continu d'exister même si on n'en parle pas ;
- Comprendre et ressentir que seulement 10% de nos collaborateurs suivent l'exemplarité ;
- Comprendre et ressentir que les "Bac - N" savent ;
- Comprendre et ressentir que les autres ne fonctionnent pas comme vous ;
- Comprendre et ressentir que la compréhension d'un problème est préférable avant de pouvoir envisager une solution ;

La clé : <u>Le chemin vers ce futur souhaitable devrait se faire dans le plaisir et avec du sens, fondé sur :</u>

- L’empathie et l’altruisme, savoir mesurer les intentions de l’autre, capter ses émotions de manière à adapter notre comportement (utile lors de la gestion de conflit, et différent de sympathie);
- L’équité, il n’existe plus de dominant et de dominé ;
- L’altérité, la recherche de complémentarité ;
- La réciprocité, la capacité à donner et à échanger ;
- La capacité d’écoute, développer sa maturité émotionnelle
- Faire place à d’autres désirs exprimés par l’équipe, aller vers le gain partagé.

Les points forts que vous avez retenus

III. LES FONDAMENTAUX DU COMPORTEMENT HUMAIN : RESSENTIR ET SE METTRE EN MOUVEMENT.

L'Émotion, du latin « e-movere » signifie littéralement une mise en mouvement, elle est propre au sujet, à son développement, à son bien-être ; sa définition est la suivante : « Selon les psychologues Peter Salovey et John Mayer, l'intelligence émotionnelle réfère à la capacité de reconnaitre, comprendre et maitriser ses propres émotions et à s'articuler avec les émotions des autres personnes. Elle est proche du concept d'intelligence sociale ». Développer sa maturité émotionnelle sert à améliorer les relations que nous avons avec les autres et avec notre environnement, à améliorer notre empathie et notre altérité, elle est déclinée en 5 étapes.

L'utilisation du terme « intelligence émotionnelle » et de « gestion des émotions » démocratisés par Daniel GOLEMAN en 2003 se répand lentement dans les entreprises, mais cette idéologie managériale est parfois basée sur l'utilisation de techniques. Dans les pays anglo-saxons, elle est majoritairement connue sous le nom de « EQ » (Emotional Quotient). En France, comparée à d'autres pays européens comme la Suède ou la Belgique, elle reste encore peu évoquée dans la vie privée, et encore moins dans les entreprises.

Je vous propose donc d'approfondir les différents attraits liés à la maturité émotionnelle, à la culture de l'écoute, à l'attention, à l'expression des besoins, aux croyances limitantes, aux profils et au cerveau. Les émotions sont naturelles et nous informent positivement sur notre environnement, sur ce que nous sommes et nous est utile dans le cadre de notre développement personnel. Nous ne sommes pas responsables de leur apparition naturelle, en revanche, nous sommes responsables de ce que nous en faisons.

Le système d'information totalement sécurisé n'existe pas, il est à l'image de l'homme, imparfait. Tout ce que nous pouvons faire est de complexifier l'attaque afin de dissuader l'attaquant, cela va évidemment dépendre de la menace en question. Les sensibilisations, les formations, les conférences et les recommandations des diverses institutions ont le mérite d'exister, mais elles ne traitent pas des émotions. Il suffit qu'une seule personne clique sur une pièce jointe ou un lien, pour que toute l'organisation soit en crise, on se demande tous alors pourquoi cette personne a cliqué sur ce lien. Pourquoi a-t-elle donné une information confidentielle alors qu'elle était formée ou sensibilisée à la cybersécurité ? Et si elle avait été pilotée par ses propres émotions ? Ses croyances ?

Abordée par Descartes « Traité des passions de l'âme » la maturité émotionnelle se développe en contact avec les autres personnes et l'environnement :

- Soit en traitant <u>les symptômes</u> des dysfonctionnements comportementaux.
- Soit en traitant <u>les causes racines</u> (relations vécues pendant l'enfance, chocs émotionnels)

Avant de décliner la plupart des facteurs influençant le comportement, il convient de parler des cas historiques, des origines qui ont véritablement nourri les nouveaux modes de réflexion, ils ont relié le monde de la neurologie à la psychologie moderne.

Les origines de l'intelligence émotionnelle

Nous avons toutes et tous une intelligence émotionnelle, elle est présente depuis l'apparition de l'espèce humaine et ont été exprimés de diverses manières au fil des temps. Perçu différemment selon les contextes historiques et les cultures, le monde des émotions fut longtemps un sujet d'ordre philosophique et psychologique non palpable.

Au fil des avancées techniques et en particulier dans le domaine de l'imagerie médicale, cette notion d'émotions commença à devenir plus concrète à partir de 1848 avec le cas de « Phineas Gage » ; puis avec le développement des outils de recherche en neuroscience, d'autres cas et d'autres trouvailles qui montrèrent ce que les philosophes expliquaient bien avant notre ère, à savoir qu'elles impactent réellement nos comportements, nos actions et la relation que nous avons avec les autres.

En septembre 2021, le CEA a mis au point l'IRM la plus puissante au monde (projet Iseult). Cet « IRM corps humain entier » a une résolution de 400 microns dans les 3 dimensions, il pèse 132 tonnes pour une longueur de 5 mètres, son champ magnétique nominal est de 11,7 Teslas, bien plus puissant que celui des IRM standards des hôpitaux (classiquement de 1,5 ou 3 Teslas).

PHINEAS GAGE

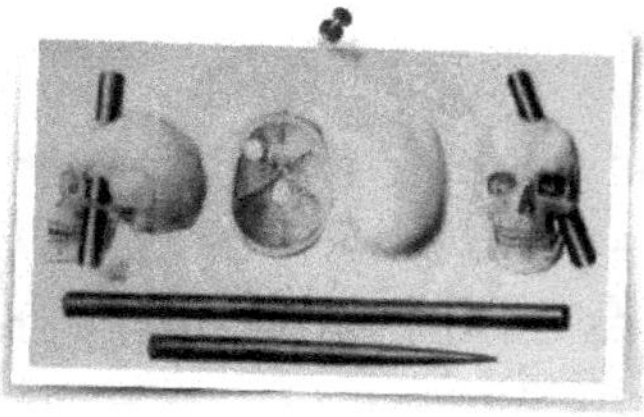

Nous sommes en 1848 aux États-Unis. Phineas Gage est contremaitre et spécialiste en explosifs. Il travaille avec son équipe à la construction des chemins de fer sur la ligne Rutland Burlington près de Cavendish dans le Vermont (nord-est des États unis).

À l'époque, la technique était très rudimentaire. Pour déblayer le terrain afin de poser des rails, on déposait un peu de sable et d'explosifs dans un trou creusé sur la paroi des montagnes. On tassait le mélange avec une barre métallique et on y insérait une mèche. Cette barre mesurait environ 1m10 de long, pesait 6 kilos, avait un diamètre de 30 mm et une extrémité pointue.

Un jour, Phineas Gage, inattentif, oublie de mettre le sable et il tasse la poudre. Le contact entre la barre métallique et la pierre de la montagne génère une petite étincelle sur la poudre, l'explosion est instantanée, Phineas est violemment projeté en arrière.

La barre, alors dans ses mains, lui traverse la tête, de la base de l'œil gauche au sommet du crâne ; elle finit sa course 30 mètres plus loin.

Miraculeusement, Phineas s'en sort vivant et il ne semble présenter aucune séquelle.

Quelque mois plus tard, il est de nouveau au travail ; mais quelque chose a changé dans son comportement. Phineas a perdu ses aptitudes intellectuelles et il a radicalement changé de comportement. De chef d'équipe très organisé et doux, il est devenu désorganisé, vulgaire, agressif et impulsif. Il est incapable d'organiser ses idées.

À l'époque, les scientifiques concluent que le lobe frontal, qui a été atteint par la barre de fer, est « le siège de l'âme » de la personne. En effet, avec un dommage dans cette zone, le comportement de la personne change. Michel Thiébaut de Schotten (Chercheur CNRS à l'Institut du Cerveau et de la Moelle épinière à Paris.) explique « Aujourd'hui, nous avons pu récupérer l'image en 3D par scanner du crâne de Phineas Gage. Et nous pensons que la barre de fer a interrompu certaines connexions dans le cerveau, habituellement activées dans le cadre d'émotions ou de prise de décisions ».

Ce fut la première fois que l'on reliait concrètement le cerveau au comportement. Depuis ce jour les recherches et expériences qui suivirent, générèrent de nouvelles approches en psychologie.

HENRY GUSTAVE MOLAISON

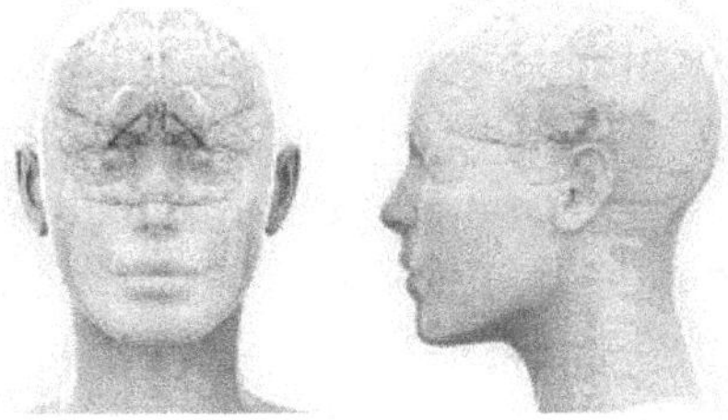

L'américain Henry Gustave Molaison est opéré du cerveau en 1953, à l'âge de 27 ans, pour arrêter ses crises d'épilepsie chronique. Le médecin, William Scoville, à l'époque une superstar de la chirurgie, a déjà tenté l'expérience plusieurs fois sur d'autres patients, sans aucun résultat concluant, sur un des lobes du cerveau.

Mais avec Henry Gustave Molaison, Scoville veut expérimenter une nouvelle méthode : plutôt que de ne traiter qu'un seul des lobes du cerveau, il va traiter les deux. Durant l'opération, Scoville effectue donc deux incisions de 2,5 cm de diamètre de chaque côté du front du patient. Après avoir soulevé à l'aide d'une spatule l'avant du cerveau, il aspire une partie intérieure du cerveau.

À son réveil, Henry Molaison peut parler, lire ou encore compter. Mais il est incapable de se souvenir de ce qu'il a fait la veille... ou les jours précédents. « Il revit chaque jour comme si c'était le premier ». L'homme est même toujours sujet à ses crises d'épilepsie.

Si Henry conserve sa mémoire sémantique (nom des objets) et procédurale (apprentissage du vélo, de l'écriture, etc.), il n'a plus de mémoire épisodique (souvenir des évènements vécus). Par exemple, dans les mois qui ont suivi le décès de sa mère, Henry est resté de très mauvaise humeur, sans qu'il parvienne à expliquer pourquoi.

Les scientifiques ont étudié son cerveau jusqu'à sa mort en 2008, et même après. Grâce à lui, les chercheurs ont compris le rôle de l'hippocampe et de ses connexions avec les zones alentour dans la consolidation, le stockage et la récupération de la mémoire épisodique. C'est également grâce à lui que nous avons découvert l'existence de la mémoire à long terme et à court terme.

LOUIS VICTOR LEBORGNE

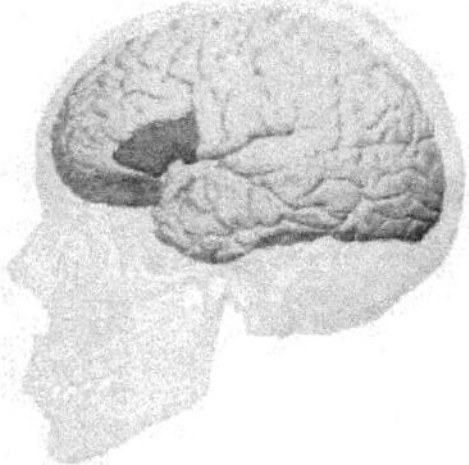

Quand il a eu 20 ans, Louis Victor Leborgne, un jeune épileptique, perd l'usage de la parole suite à l'une de ses crises (aphasie). Il ne pourra plus jamais prononcer autre chose que la syllabe « Tan», d'où son surnom «Monsieur Tan-tan».

Pourtant, ni ses aptitudes intellectuelles ni sa compréhension ne semblent avoir été atteintes. Son père l'emmène à l'hôpital Bicêtre, où il restera jusqu'à sa mort en 1861.

Paul Broca, chirurgien et anthropologue, qui rencontra Leborgne quelques jours avant sa mort, étudie son cerveau. Il observera une destruction d'une partie du lobe frontal (la partie antérieure du cerveau), selon lui responsable de l'aphasie, où il localise l'aire cérébrale de la parole. Encore aujourd'hui, nous associons le siège de la parole à ce qui s'appelle l'aire de Broca.

Mais, selon Michel Thiébaut de Schotten, dont l'équipe a récupéré le cerveau de Leborgne scanné en haute résolution, c'est plutôt « tout un faisceau de connexions qui a été interrompu dans la substance blanche entre l'avant et l'arrière du cerveau, qui est responsable de cette aphasie. Et non pas l'atteinte d'une zone précise.»

L'EFFET HAWTHORNE

En 1923, à Hawthorne (près de Chicago), l'usine Western Electric, sous la direction de Franck Jewett, met en place une nouvelle approche de production visant à replacer les ouvrières au cœur des décisions. Celle-ci concerne essentiellement les modifications des conditions de travail, telles que les pauses, les durées de travail, les prix des repas, ou l'interdiction de parler pendant le travail. Le résultat est sans appel : 30 % d'augmentation de la productivité. Mais que s'est-il passé ?

Selon Elton Mayo (professeur à la "Business Harvard School" / réf : Management of the worker, 1939), d'un point de vue psychologique, le fait d'avoir su écouter et associer les ouvrières aux objectifs de l'expérience dans un cadre de prises d'initiatives a permis de renforcer la solidarité au sein du groupe.

De ce fait, l'émulation interne a eu un effet bénéfique sur la productivité des employés, bien supérieure aux seuls effets des conditions matérielles du travail. Cette expérience, reposant sur de réels facteurs d'engagement, est nommée l'effet Hawthorne.

Les progrès en neurologie

Nous avons pu connecter le comportement au fonctionnement du cerveau, mais que s'y passe-t-il ? Et comment se développe-t-il ? La substance grise du cerveau (substance grise où sont majoritairement situés les dendrites et noyaux des neurones) n'est majoritairement mature qu'après l'âge de 20 ans. De sa naissance à l'âge de 8 ans, l'enfant est donc dans une réelle difficulté de conceptualiser une idée complexe et il est majoritairement dans un fonctionnement émotif et imitatif, il construira son réseau neuronal en fonction de ce qu'il comprendra ou de ce qu'on lui aura fait comprendre. Chaque fois qu'il vivra un évènement, il enregistrera l'évènement vécu sous forme d'image mentale associée à l'émotion ressentie et aux cinq sens. Ces informations sont essentiellement cartographiées grâce à l'hippocampe. Cette base de données constitue la carte comportementale de la personne, le prisme à travers il regarde le monde. Nous réagissons donc en fonction de cette carte comportementale, en fonction des images associées aux émotions, de notre histoire, des chemins neuronaux construits et consolidés depuis tout petit.

LES INFORMATIONS DANS LE CERVEAU

Le cerveau est enfermé dans une boite crânienne, il n'a donc aucun contact direct avec le monde extérieur. Selon Pierre Marie LLEDO (Directeur du département de neuroscience à l'institut Pasteur / Réf : le cerveau, la machine et l'humain), durant les transferts d'informations des systèmes sensoriels, une grande partie de l'information se dégrade. Elle se disperse à chaque point nodal rencontré le long des relais du capteur jusqu'au cerveau. Pour la vue, dix-milliards de bits par seconde atteignent la rétine, six-millions de bits par seconde quittent la rétine, dix-mille bits par seconde atteignent le cortex visuel, la perception du signal est ensuite de cent bits/seconde. La construction des images mentales dépendrait alors d'une activité intrinsèque du cerveau et donc assez peu du monde extérieur. Les récentes découvertes scientifiques montrent que la perception que nous avons de notre monde n'est pas un produit fidèle du monde réel, mais qu'il s'agit plutôt d'une reconstruction mentale. Dans ce cadre, le traitement conscient de l'information implique pour le cerveau de globaliser un processus initié localement par les cinq sens (dix en comptant l'imaginaire). Sa construction est fortement dépendante des interactions sociales, le cerveau humain se nourrit de l'autre, il est capable de rentrer en empathie avec l'intention et les émotions d'autrui. L'empathie émotionnelle nous permet de ressentir ce que l'autre ressent, que ce sentiment soit de la joie ou de la tristesse. Il nous est impossible de vivre exactement la même expérience que quelqu'un d'autre, cependant nous pouvons éprouver des émotions sensiblement similaires.

LA SUBSTANCE BLANCHE ET LA MYÉLINISATION

Comme nous l'avons déjà précisé, la substance grise est essentiellement constituée de dendrites neuronales, de corps cellulaires et de noyaux. La substance blanche de notre cerveau est essentiellement constituée d'axones neuronaux et de myéline.

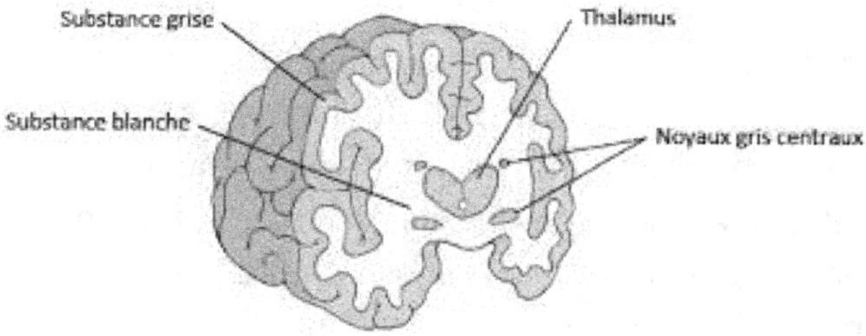

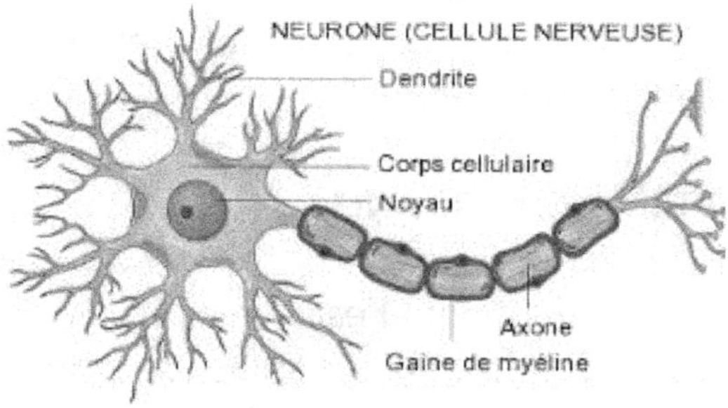

Le phénomène appelé myélinisation est la formation d'une gaine autour de certains neurones. Elle représente une étape clé de la maturation du système nerveux et donc de sa capacité à traiter les informations.

Les zones cérébrales spécialisées dans les fonctions sensorielles et motrices, comme nos capacités d'apprentissage des tâches manuelles, se développent avec un pic entre 9 ans et 10 ans. Les zones cérébrales impliquées dans des fonctions plus complexes de gestion des émotions, d'interactions sociales et notamment de prise de décision sont développées entre 15 et 20 ans. D'un point de vue neuronal, la période d'adolescence est une période de bouleversement profond où le réseau interne se développe et se transforme de manière aussi intensive que l'interaction parentale et sociale (appartenance à un groupe) ; cependant si l'on prend en compte le développement de la matière grise à cette même période, celle-ci n'est pas encore totalement développée, certaines décisions sont alors prises sans avoir pleinement la capacité de concevoir, de comprendre, de raisonner, d'accepter ou de refuser ; ceci est une véritable explosion relationnelle en l'absence de raisonnement et d'expériences vécues. Certains « business model » florissants profitent pleinement de cette circonstance opportune.

LE SYSTÈME ÉMOTIONNEL

Le système émotionnel est constitué entre autres des amygdales cérébrales, du thalamus, de l'hippocampe, de l'hypothalamus, et du cortex préfrontal, ces cinq organes du cerveau interviennent majoritairement dans la régulation de nos émotions, de nos comportements et de la mémoire. Ils ont tous un rôle précis et ils interagissent entre eux.

Le rôle des amygdales cérébrales : Les amygdales cérébrales sont une partie du cerveau qui doit son nom à sa forme qui rappelle celle d'une amande. Nous possédons deux amygdales. Elles sont situées tout près de l'hippocampe, dans la partie frontale du lobe temporal. Les amygdales sont essentiellement liées à notre capacité de ressentir et de percevoir chez les autres des émotions. Si vous êtes suivi dans la nuit par un individu à l'allure étrange et que vous sentez votre cœur battre très fort, il est fort probable que vos amygdales soient très actives.

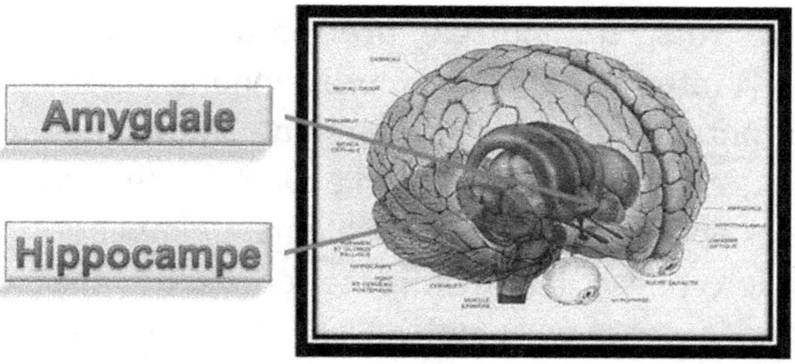

Le rôle de l'hippocampe : L'hippocampe joue un rôle primordial dans la mémoire épisodique, celle qui nous permettra des années plus tard de nous rappeler cette soirée particulièrement agréable. En effet, c'est l'hippocampe qui nous permet de " rejouer la scène " en réactivant cette information, cette image. Ce phénomène serait très important durant les rêves, ce qui expliquerait l'incorporation d'évènements des derniers jours dans ceux-ci. Mais au bout d'un certain temps, les différentes régions corticales activées lors d'un évènement deviendraient fortement liées entre elles et pourraient se passer du travail de l'hippocampe comme agent de liaison, comme une sorte de liaison renforcée et privilégiée. Grâce à ce couplage, le seul souvenir d'une émotion ressentie lors d'une pièce musicale qui jouait ce soir-là pourrait nous rappeler toute la scène du diner, cette émotion pouvant servir d'indice pour faire ressurgir à la conscience les images associées. Où étiez-vous le 11 septembre 2001 ?

Le rôle du Thalamus : situé en position intermédiaire entre le cortex et le tronc cérébral, le thalamus a principalement une fonction de gare de triage, il est le relai des cinq sens à savoir l'ouïe, la vue, le gout, l'odorat et le toucher.

Le rôle du cortex préfrontal : Des connexions importantes à l'amygdale proviennent aussi du cortex préfrontal médial. Elles seraient impliquées dans le processus d'atténuation ou d'extinction des émotions. Le cortex préfrontal serait également impliqué dans la dernière phase de la confrontation à un danger, celle où après la réaction émotive automatique initiale, nous devons réagir et choisir l'action la plus efficace pour échapper au danger.

L'**hypothalamus** est le centre de contrôle de fonctions telles que la faim, le dynamisme, le stress ou l'éveil. Il contrôle aussi la sécrétion de différentes hormones en interagissant avec l'hypophyse (relié aux glandes surrénales génératrices de cortisol). Il est le point majeur reliant le système émotionnel aux organes du corps humain.

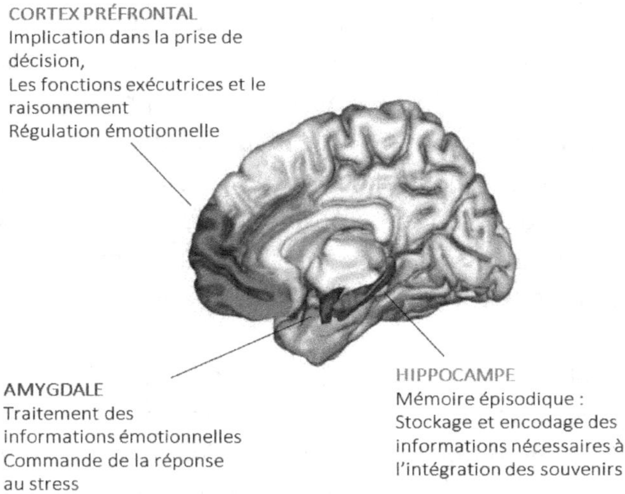

Coupe transversale d'un cerveau

LE PROCESSUS ÉMOTIONNEL DANS LE CERVEAU

Le schéma ci-dessous symbolise le chemin que prend une information. On peut s'imaginer une sorte de sillon neuronal travaillé dès la petite enfance, qui deviendra plus tard une véritable autoroute.

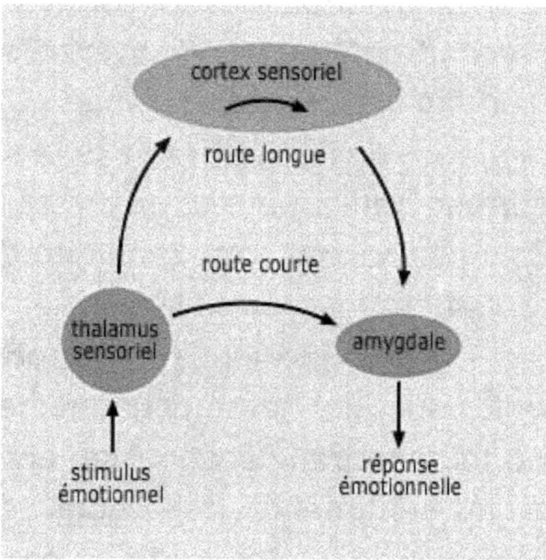

Les amygdales cérébrales nous permettent de réagir presque instantanément en présence d'un danger. Tellement rapidement que c'est seulement après avoir sursauté que nous comprenons souvent ce qui nous a effrayés. Comment cela est-ce possible ? Tout commence par une stimulation sensorielle quelconque comme la vue d'une forme étrange. Celle-ci fait d'abord escale dans le thalamus, passage obligé de tous les messages captés par les sens. Il est ensuite transmis au cortex sensoriel approprié (visuel, auditif, etc.) où il est évalué et acquiert une signification. Si cette signification est menaçante, les amygdales cérébrales en sont alors alertées et produisent les réponses émotionnelles appropriées. Or, ce qu'on a découvert beaucoup plus récemment, c'est qu'une partie du message reçu par le thalamus est transférée directement aux amygdales cérébrales, sans même passer par le cortex ! C'est cette seconde route, beaucoup plus courte, donc beaucoup plus rapide, qui explique la rapidité de notre système d'alarme naturel. Cette route qui court-circuite le cortex ne permet qu'une discrimination grossière des objets menaçants. La confirmation du cortex qu'il s'agit bien d'un danger arrive quelques fractions de seconde plus tard. Des fractions de seconde qui peuvent s'avérer fatidiques si l'on n'a pas déjà commencé à réagir au danger. Dans le cas où le cortex nous annonce qu'il n'y a pas de quoi s'en faire, on en est quitte pour une bonne peur et c'est tout, mais si la peur n'est pas ressentie, nommée, et canalisée dans la fluidité, l'émotion continuera d'altérer la partie rationnelle du cerveau, avec une **incidence instantanée sur le comportement** ou un dysfonctionnement dissociatif permanent ou temporaire (déconnexion entre les pensées, les souvenirs, les sentiments, les actions ou le sentiment d'identité d'une personne, une perte de conscience de son environnement immédiat. Par exemple, l'hypnose routière ou la rêverie sont des dissociations temporaires)

L'ÉLECTRO-ENCÉPHALOGRAMME

En 2016, une expérience menée à l'hôpital de la Salpêtrière de Paris démontre à quel point l'émotion est extrêmement rapide. On retrouve concrètement cette expérience vécue dans une émission télévisée intitulée « c'est pas sorcier ». La personne qui vit l'expérience est équipée d'un casque doté de capteurs. Elle est confortablement assise dans un fauteuil devant un écran. À la vue d'une image d'un visage souriant, elle doit appuyer sur un bouton rouge. À la vue d'un visage neutre, elle ne fait rien. L'encéphalogramme démontre que la partie émotionnelle du cerveau (système limbique) est beaucoup plus rapide que la partie rationnelle du cerveau. L'émotion est présente (100 ms après avoir vu l'image) bien avant que vous n'ayez pris conscience du genre (féminin ou masculin) de la personne qui est en face de vous.

Mais dans la plupart des cas, les émotions ne sont pas ressenties, nommées et exprimées par les personnes. Les gens ne sont souvent pas conscients de leurs propres émotions, parce qu'on ne leur a pas appris à les ressentir, à les canaliser, à les exprimer voire on a interdit d'en parler afin de rester dans la plus grande communauté qui existe dans ce monde : celle des gens qui ne se remettent jamais en question.

LE DÉVELOPPEMENT CHEZ L'ENFANT ET L'EMPATHIE

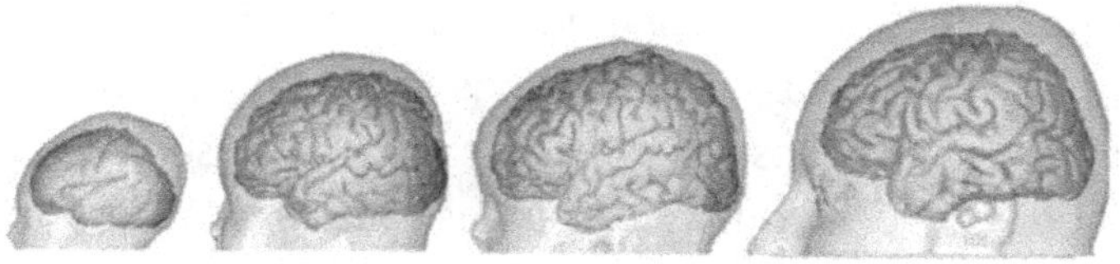

Voyons maintenant quelles sont les principales phases de développement d'un enfant influençant son empathie.

Du premier mois au douzième mois : il n'y a pas de distinction entre soi et autrui, il n'y a pas de sphère privée, l'enfant est dans l'imitation.

Entre 12 et 24 mois : C'est la phase d'empathie égocentrique, l'enfant garde à l'esprit tout objet qui disparait du champ visuel. C'est l'acquisition de la permanence, un trait indispensable pour se représenter les états mentaux d'autrui.

Après 24 mois : Il se reconnait dans un miroir, c'est la représentation de soi-même. « Soi » et « autre » sont deux entités différentes.

Après 6 ans : il devient sensible aux signaux d'autrui, et aux contextes dans lesquels ils émanent.

Dans ce contexte, les parents peuvent parfois demander à un enfant l'impossible et le positionner dans la culpabilité ou la redevabilité alors qu'il n'est neurologiquement pas en mesure de comprendre ce qui lui arrive. Être empathique, ressentir pleinement ses émotions, vivre dans la joie, exister est essentiellement tributaire de nos propres croyances générées pendant l'enfance, on dit qu'elles sont parfois limitantes. Celles-ci vont influer sur l'âge émotionnel, la capacité à en entrer en relation avec soi-même, avec les autres, et le développement de sa propre maturité émotionnelle. Nos organisations sont donc constituées d'individus uniques ayant des capacités à se mettre en relation avec eux-mêmes ou les autres plus ou moins limitées, avec des maturités émotionnelles souvent non développées. **Les gens sont pour la plupart intéressés à ne pas changer**, ils préfèrent conserver leurs propres croyances que de s'intéresser à eux-mêmes ou aux autres, ils réagissent souvent lorsqu'il est question **d'argent ou de sexe, les deux vecteurs porteurs de puissance, de plaisir, de domination et de chantage (pouvoir) ; parfois, le dirigeant ou le responsable n'est pas forcément la personne qui détient le pouvoir dans son périmètre**

La nature a horreur du vide, tout évènement vécu en l'absence d'explications matures, de verbalisations émotionnelles, d'écoute de ses propres désirs sans jugement, de félicitations sera comblé par une croyance assimilée pendant la petite enfance. L'enfant portera inconsciemment ses propres blessures et celles de ses parents transmis sur plusieurs générations, sa croissance émotionnelle sera stoppée là où la croissance émotionnelle des parents a été stoppée, en plus de ses propres chocs émotionnels vécus; Nos propres parents ne peuvent pas nous donner ce qu'ils n'ont pas, c'est ainsi que l'on reproduit une situation ou son inverse par mimétisme, en fonction d'une doctrine familiale encrée et des croyances (convictions), on nomme cela une répétition littérale (cf. Jean Piaget, les stades du développement infantiles).

Mimétisme des enfants et les émotions, l'assimilation

Processus inconscient du système limbique (émotionnel) : L'enfant très jeune ressent et absorbe l'intégralité des émotions ressenties par son entourage (on dit souvent qu'il est une éponge). La croyance (on ne parle pas de religion) est donc une assimilation entre une ou plusieurs émotions ressenties et : Une action que réalise l'adulte au moment de l'émotion, un mot, un silence, une situation non expliquée, une représentation (par exemple, entre le pouvoir, le devoir et la peur)... Ces croyances sont plus ou moins encrées, cela en fonction du lien présent entre l'enfant et son entourage (lien d'amour avec les parents, par exemple). L'enfant va donc construire son système de croyances qui perdurera toute sa vie s'il ne les travaille pas. L'émotion sera le lien entre sa croyance et son comportement.

Carl G. Jung : « Le plus grand fardeau qu'un enfant puisse porter est la vie non vécue de ses parents ».

Le facteur émotionnel

LA CARTE COMPORTEMENTALE INDIVIDUELLE ET ORGANISATIONNELLE

La carte comportementale est un prisme au sens figuré, à travers lequel nous regardons le monde réel. Une paire de lunettes servant de filtre bidirectionnel.

- Du monde réel vers notre cerveau, ce qui représente notre réalité ;
- De notre réalité vers le monde extérieur. Quand une personne parle d'une autre personne sans apporter une "factualité" ou est dans le jugement, elle décrit la personne en fonction de son propre filtre, de ses croyances profondément ancrées. En fait, il se peut qu'elle parle d'elle-même sans le savoir ;

Il existe deux types de cartes, la carte comportementale individuelle (CCI), et la carte comportementale relationnelle (CCR). La « CCI » concerne directement l'individu et la « CCR » concerne l'organisation dans laquelle nous retrouvons les individus en relation et leur « CCI ». La « CCI » est essentiellement construite de la naissance de l'individu jusque l'âge de 8 ans, mais nous verrons plus loin que cette construction est beaucoup plus vaste dans le temps, elle intègre les traumas vécus dans la vie et ce que nous ont transmis nos aïeux sur plusieurs générations, elle influence directement nos comportements et nos réactions.

EMPATHIE ET TRANSFERT

D'un point de vue neurobiologique, la souffrance perçue chez l'autre active sensiblement les mêmes circuits cérébraux que ceux qui s'activent lorsque la même souffrance physique est effectivement ressentie. Par ailleurs, le cerveau fait preuve d'une capacité d'adaptation sélective appelée « exaptation », alors que l'ordinateur ne fait qu'exécuter un programme. D'un point de vue psychologique, l'empathie émotionnelle nous permet de ressentir ce que l'autre ressent, que cette émotion soit de la joie, de la honte, de la jalousie, de la peur, de la tristesse ou un ensemble d'émotions (mélangées ou successives). Il n'est pas possible de vivre exactement la même expérience que quelqu'un d'autre. Cependant, nous pouvons éprouver des émotions très proches. Cette empathie n'est parfois pas sans impact, elle fait vibrer en nous nos propres croyances (convictions). Prenons le cas d'une personne qui manifeste auprès d'un groupe d'amis une situation triste qu'elle a vécu. Si la maturité émotionnelle des individus qui l'écoutent est faible, la probabilité pour que la personne métabolise (positive) ce qui lui est arrivé et continue à se développer est également faible (résilience). Dans la majorité des cas, les personnes peuvent simplement ressentir la même émotion et projeter sur l'autre personne leur propre sentiment ou réaction (moi à ta place...tu devrais faire cela...) Dans d'autres cas, cela fait émerger une situation déjà vécue et non positivée, ils partent en eux (nous parlons ici de métabolisation et de cristallisation), les risques de contagion émotionnelle sont forts, on le vit par exemple avec les réseaux sociaux ou la résonance et la contagion sont amplifiées très rapidement dans le monde. Il est également possible de transmettre un virus émotionnel, modifiant le comportement d'une personne momentanément ou à vie, ou bien d'orienter tout un groupe.

Selon vous, qu'est-ce qu'un virus émotionnel ? Et quel est son impact ?

LA MÉMOIRE ÉPISODIQUE

Nous allons nous intéresser particulièrement à la mémoire épisodique parce qu'elle influe directement sur le comportement, mais il existe d'autres types de mémoire, comme :

La mémoire procédurale : Elle est utilisée pour mémoriser les actions répétitives, comme l'apprentissage du vélo.

La mémoire sémantique : Elle est impliquée dans la mémorisation de nos connaissances sur le monde, c'est notre "encyclopédie mentale".

La mémoire immédiate ou sensorielle : Elle permet de conserver une information peu importante, quelques caractères ou quelques chiffres durant un temps très limité.

La mémoire épisodique : C'est la mémoire dans laquelle sont stockés vos souvenirs. Lorsqu'une personne vit une situation émotionnellement stressante, elle stocke cette situation sous forme d'image mentale en y intégrant les visions, les odeurs, les touchers, les sons, les gouts et les émotions associées. La manière dont nous allons réagir par rapport à cette situation influe sur notre réseau neuronal et génère une croyance plus ou moins limitante en fonction du contexte et de l'évolution de la personne. Ce qui était rentable lorsque vous aviez 5 ans ne l'est peut-être plus à l'âge de 50 ans, cette croyance devient limitante. Si cette croyance (admettre quelque chose comme vrai) n'est pas connue et travaillée, elle reste ancrée dans l'inconscient et pilote la personne sans qu'elle en soit consciente (certaines croyances peuvent être transmises de génération en génération, elles sont marquées génétiquement par les protéines présentes dans les neurones, mais elles ne représentent qu'une infime partie de nos croyances, on peut estimer que 90 % de nos croyances proviennent de notre éducation à la petite enfance). À l'apparition d'un évènement ressemblant à ce qu'elle a vécu ou à ce qu'on lui a fait croire, la réaction comportementale de la personne sera automatique. Elle ne sera pas dans l'action guidée par ses propres désirs et en pleine conscience, mais en réaction et dominée par ses émotions et son inconscient.

Si l'enfant est éduqué dans la peur, avec des désirs refoulés ou interdits, au cœur d'une famille où les secrets sont toujours pesants, il deviendra certainement un adulte vivant dans la peur et déconnecté de sa vraie nature et de celle des autres. Les chocs émotionnels se cristalliseront en lui, et deviendront des freins émotionnels à la relation et à l'écoute, en engendrant des répercussions biologiques. Son âge biologique et administratif évoluera, mais son âge émotionnel restera stationnaire. Pour un développement favorisant sa capacité à se mettre en relation et à se développer, il est important de donner à l'enfant une sécurité affective, qu'il puisse verbaliser ce qu'il vit, en lui parlant de vos émotions et qu'il vous parle de ses émotions, de ses ressentis.

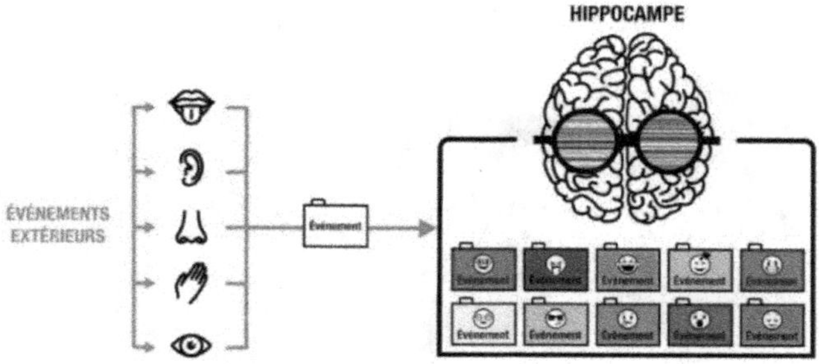

L'inné : Selon Konrad Lorenz et Nikolaas Tinbergen, nous avons à la naissance un répertoire de comportement spontané, cependant la plupart des comportements sont acquis lorsque le sujet interagit avec son environnement naturel social et culturel.

Richard Semon (1859-1918), auteur de la thèse « traces de nos circuits nerveux » explique ceci : « Un souvenir est à la fois l'empreinte d'une expérience sur nos circuits nerveux et la modification de ce circuit qui désormais ne sera plus le même. Si nous conservons les souvenirs, c'est bien grâce à notre capacité de subir des assauts de nos expériences et d'accepter qu'il nous modifie physiquement ».

LA CROYANCE LIMITANTE (CONVICTION)

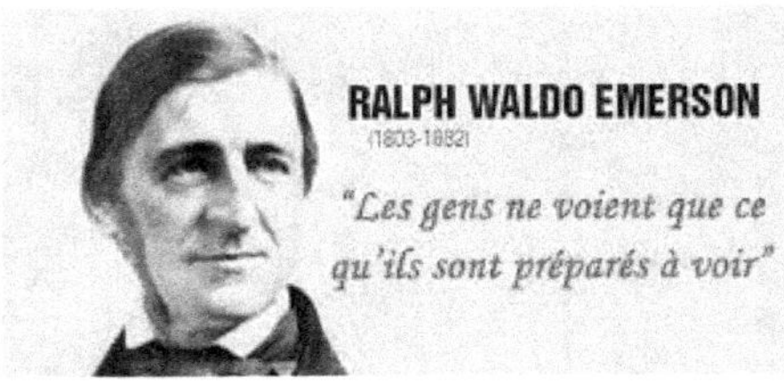

<u>Cas de l'influence d'une croyance limitante (croyance : admettre quelque chose comme vrai) :</u>

Prenons un exemple volontairement fort pour faire ressentir ce qu'est une croyance limitante. Au sein d'une fratrie de 10 enfants, les six derniers enfants se sont suicidés à l'âge adulte, quels types d'évènements et de croyances ont pu être générés pour que ces six adultes se soient tous suicidés ? Petits, ces enfants sont continuellement élevés dans la violence, cela va de la claque aux saignements jusqu'aux fractures de membres. Les parents se battent entre eux devant les enfants, les enfants le sont également par les deux parents lorsqu'ils n'obéissent pas. Ces actions menées régulièrement deviennent des secrets de famille, ils engendrent de la culpabilité, du rejet et de la honte, cette violence sera probablement transmise inconsciemment aux enfants et aux petits-enfants. Une enquête est menée dans le but de rompre cette transmission et l'on apprend que l'un des enfants a été battu à mort, il décèdera des coups et blessures. Cet enfant de 11 ans n'a pas obéi à un ordre donné par sa mère, il s'est fait battre successivement par sa mère puis par son père. Il décèdera dans la nuit qui suivit ces violences dans la même pièce où dormaient ses frères et sœurs. La croyance ancrée par plusieurs enfants de cette famille fut la suivante : « Si les personnes qui sont censées être les personnes m'aimant le plus au monde me battent, c'est que je suis vraiment nul et que je ne mérite pas de vivre ». Les personnes encore vivantes aujourd'hui étaient absentes lorsque l'enfant a été battu, ce qui ne les empêche pas de se sentir nuls et de ne pas s'autoriser à dépasser le plafond de verre familial, les autres personnes présentes dans la pièce lorsque l'enfant est mort, se sont arrangés pour cesser de souffrir et quitter notre monde. Les personnes constituant une organisation ne sont peut-être pas porteuses de ce genre de croyance, mais elles ont vécu d'autres traumas générant leurs propres traumatismes et leurs propres croyances limitantes, une simple claque, le déni (arrête de raconter n'importe quoi !), l'absence d'écoute, une brimade humiliante ou injuste peuvent faire basculer une vie entière.

Sans évoquer le système scolaire assez souvent normatif et conformiste, les parents ont une responsabilité directe concernant la construction mentale de leurs enfants, ils transmettent inconsciemment leurs propres croyances émanant parfois de plusieurs générations et liées à leur propre conformisation. Cette étape de conformisation a lieu pendant notre enfance, elle nous permettra de nous sociabiliser en fonction de la culture de l'environnement dans lequel, des mouvements sociétaux et de la doctrine familiale, elle développera le masque social, le « persona ». Dans la plupart des cas, les parents projettent donc sur les enfants leurs propres névroses en les culpabilisant, ou ils imposent leurs propres désirs et besoins sans s'intéresser aux désirs de leurs enfants, c'est ainsi que les enfants vivent la « conformisation ».

Mais comment les parents peuvent-ils s'intéresser réellement à leurs enfants s'ils ne s'intéressent pas à eux-mêmes !

Nous réagissons en permanence en fonction de nos croyances et de notre moteur de choix

LE MOUVEMENT SYSTÉMIQUE

Le mouvement systémique dans le cadre d'une organisation et dans la cybersécurité devrait être pris en compte. Nous le savons déjà, les comportements évoluent dans le temps et en fonction des relations que nous avons avec les autres. Le mouvement systémique est caractérisé par un changement de comportement en l'influence d'une tierce personne ou d'un changement de contexte. Cela peut se traduire par exemple lorsque les personnes peuvent changer de comportement à l'entrée d'un responsable hiérarchique important dans une réunion, ou lorsqu'un conflit non réglé perturbe un travail de groupe. Ce mouvement est également souvent constaté lors des sensibilisations ou des interviews liées aux appréciations de risques, les réponses peuvent parfois évoluer en fonction des personnes présentes, ou de directives émises par un responsable avant la réunion en question. J'ai vécu une expérience de ce type dans une industrie de pointe. Lors d'un audit, j'ai bien senti que l'opérateur répondait à mes questions avec de la peur et du dépit. Après divers échanges, il a confié que la production de ces pièces était non conforme aux exigences qualité, malgré les annotations de « pièce conforme » qu'il avait lui-même confirmée sur sa fiche de traçabilité. Il finit par expliquer que ces responsables avaient été avertis plusieurs fois de la défaillance d'une machine et qu'ils n'avaient rien fait, l'opérateur ne s'est pas senti écouté et a donc pris l'initiative de s'adapter pour continuer à produire. Cette initiative est assez courante, elle consiste à ne pas faire exactement ce qui est mentionné sur le mode opératoire, ou de mentir au pouvoir pour avoir la paix, lui faire plaisir, ou encore en étant contradictoire avec la colère. Cela a des impacts importants sur les plans d'action, pour la sureté, ou dans les plans de traitement de risque en cybersécurité, ils ne répondent tout simplement pas à la réalité du terrain. Ce qui laisse en présence des vulnérabilités importantes non traitées en croyant que l'on maitrise la situation. Si l'on considère en plus le nombre de strates présentes dans une organisation, on peut facilement imaginer pourquoi les preneurs de décision sont assez souvent déconnectés du terrain. Cet opérateur s'est livré en l'absence de son responsable et parce que notre relation a changé de niveau (du facteur technique, nous sommes passés au facteur émotionnel dans l'intention d'avoir une vraie relation de confiance et d'écoute alternée).

L'intelligence émotionnelle est un atout majeur qui permet de détecter les mouvements systémiques et ainsi d'obtenir des réponses en fonction de la réalité du terrain, le plan d'actions ou de remédiations sera rédigé et traité en fonction de réponses vraies. Le mouvement systémique peut également avoir lieu sans la présence de la personne, l'image de la personne, un message vocal ou un mail peut tout à fait influencer le comportement de l'individu, sans se connaitre et sans canaliser ses émotions la personne réagira en fonction de ses croyances et du stimulus associé. Les sensibilisations et les formations sont utiles, mais le naturel reviendra au galop !

LA ROUE DES ÉMOTIONS

La roue des émotions est souvent utilisée comme une sorte de boussole et elle permet aux individus de commencer à prendre conscience de leurs émotions et de leurs influences. Cependant, des confusions peuvent être générées, et une émotion peut être prise pour une autre, ou en cacher d'autres. Dans ce cadre, nous parlerons d'étalonnage émotionnel, il se fait généralement en accompagnement selon un processus expliqué à l'avance. Mais le simple fait de nommer ses émotions et de les noter sur un carnet est déjà un premier type d'entrainement. Une liste d'émotions peut servir lors d'une réunion, le simple fait de la nommer intérieurement permet de calmer l'émotion, de permettre au néocortex de jouer son rôle, de calmer les amygdales cérébrales, et de poser la bonne question ; même si c'est un bon début, cette technique est limitée, elle dépend de votre maturité émotionnelle, du niveau de conscience que vous avez de vos propres émotions, de votre capacité à les reconnaitre, de votre vécu. C'est un travail profond sur soi appelé **individuation** qui vous permettra de reconnaitre votre propre profil comportemental, de repositionner vos images parentales, de développer votre maturité émotionnelle sans satisfaire votre égo ou être piloté par vos émotions. Lorsque vous sortez d'une réunion que vous aviez préparée, et que vous vous demandez pourquoi vous n'avez pas posé la question, il est fort probable que vous ayez eu un frein émotionnel. On retrouve ce type de frein lorsqu'une personne ose poser une question que la plupart des autres personnes n'osaient pas poser, les freins étant dans ce cas plutôt ceux du groupe.

Lors des réunions, si l'ensemble des personnes est d'accord avec vous, ne vous satisfaites pas de celui-ci pour flatter votre égo ou encore pour éviter un conflit par ce qu'on ne vous a pas appris à le gérer. Demandez à quoi les personnes disent « oui », vous en saurez plus sur leurs valeurs et vous ferez peut-être émerger un « oui" qui est un" non", un faux positif ». Prêcher un désaccord génère de la créativité, méfiez-vous de la motivation elle peut cacher parfois de la redevabilité ou l'envie de s'intégrer au groupe et d'être aimé, ce qui n'est pas de l'engagement profond et responsable. La motivation est à considérer comme étant une pile, elle se décharge, l'engagement est une dimension pilotée par son projet de vie, ses vraies valeurs et ses vrais désirs.

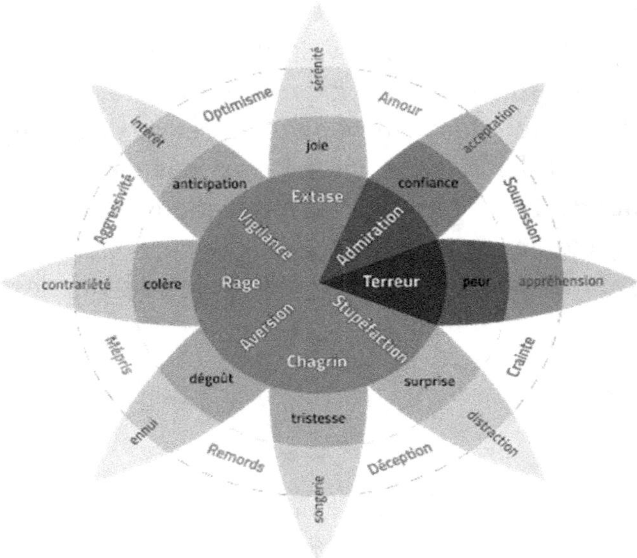

La roue des émotions

<u>Entrainement :</u>

Se surveiller et identifier ses émotions est un premier entrainement utilisé afin de reconnaitre ses propres émotions et les nommer. Il est intéressant de repenser à une situation, d'y associer des émotions ressenties et les mettre à l'écrit. L'écriture est un acte qui permet d'ajuster ses pensées, de peaufiner ce que vous ressentez, à travers votre propre filtre. Mais c'est surtout la concrétisation d'un évènement ou d'une pensée qui était jusqu'alors qu'un concept. Écrire est une action de l'intérieur vers l'extérieur, elle porte en conscience, c'est une mise en mouvement vers soi.

Zone de confort : Si vous êtes accompagné par un professionnel pour modifier une croyance ou comprendre quelles sont vos responsabilités au sein des relations que vous avez avec les autres, l'accompagnateur saura vous proposer des exercices efficaces, avec bienveillance et sans complaisance. Il aura quelque longueur d'avance sur vous (à condition qu'il ait lui-même travaillé sur sa maturité émotionnelle, pour le sujet concerné). Sachez qu'écrire une phrase simple qui va à l'encontre d'une croyance très limitante peut prendre parfois plusieurs heures et vous épuiser psychologiquement.

Exemple d'une première approche concernant ce que vous avez vécu :

- Qu'est-ce que j'ai dit ?
- Pourquoi ai-je dit cela ? ou pourquoi ai-je fait cela ?
- Qu'ai-je ressenti ?
- Qu'aurais-je aimé dire ? ou faire ?
- Qu'est-ce que cela me rappelle ?
- Quelle pourrait être ma croyance ?

LA RÉALITÉ ET LE REEL

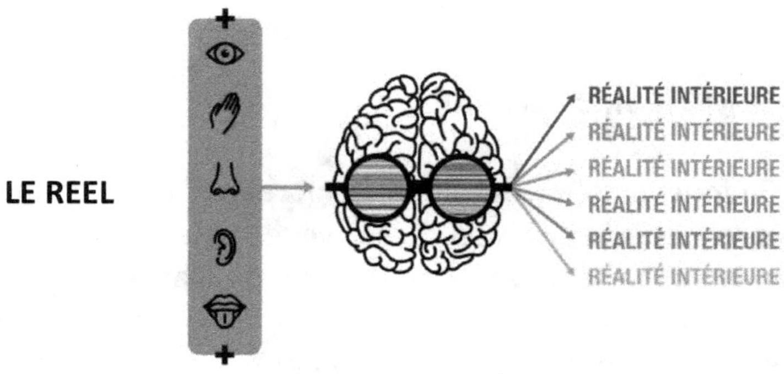

Du fait que nous ne pouvons pas réfléchir en dehors de nous-mêmes, la réalité est forcément un phénomène subjectif : chacun a “SA” réalité. Notre cerveau est enfermé dans une boite crânienne, il n’a donc pas de contact direct avec le monde extérieur, il modélise le monde extérieur en fonction des informations qu’il reçoit, c’est donc d’après une représentation mentale du réel que nous nous comportons et non directement en fonction du monde lui-même. Nous voyons le monde à travers nos propres lunettes.

Les cinq sens sont utilisés pour nous connecter au réel. Un système d’information majoritairement neuronal, hormonal et nerveux est utilisé pour relier chaque organe de notre corps humain. Le cerveau en est le chef d’orchestre. Nous scannons en permanence notre mémoire épisodique. Si l’évènement vécu se rapproche d’un évènement déjà vécu plus tôt, l’émotion est à nouveau rappelée et la réaction est rejouée, ce qui dévie notre « réel ». Il est important de savoir que la réalité ne devient concrète que si elle est positionnée dans le temps, sans le temps cela ne reste qu’un concept, c’est réellement le temps qui fera émerger la réalité dans le concret, et c’est à ce moment précis qu’apparait notre prisme, nos freins.

LE MOTEUR DE CHOIX

En fonction d’une situation, le moteur de choix permet de prendre une décision ou de vivre cette situation de manière ouverte et positive ou plutôt de manière fermée et négative. Prenons l’exemple de Marc, il vient de gagner une somme conséquente à la loterie. Sa réaction va se jouer en fonction de ses croyances, de sa vision du monde, et ce qu'on appelle le moteur de choix, nommé communément « verre à moitié vide » ou « verre à moitié plein ».

Première réaction possible : Il ne faut surtout pas que cela se sache, sinon, je vais avoir les voisins sur le dos, ils vont venir me demander de l'argent. Marc est piloté par ses peurs.

Deuxième réaction possible : C'est absolument génial, je vais pouvoir m'acheter une belle maison et faire le tour du monde. Marc est piloté par la joie et par ses désirs.

Ce moteur de choix est unique pour chaque individu, il est fonction de votre maturité émotionnelle et des actes de résilience et de métabolisation dont vous avez fait preuve durant votre vie.

À chacune des deux réactions possibles de Marc, quel est selon vous, son niveau de maturité ? Est-il prêt à optimiser sa prise de risques ?

Dans cet exemple, seuls deux choix sont cités, qu'en pensez-vous ? Quelle(s) émotion(s) ressentez-vous à la lecture de ces deux choix imposés et à votre réponse ?

LES BIAIS COGNITIFS

Le concept du biais cognitif a été introduit au début des années 1970 par les psychologues Daniel Kahneman (réf : Système 1, système 2 /prix Nobel en économie en 2002) et Amos Tversky. Ils expliquaient les tendances prises de manière irrationnelle dans le secteur de l'économie. Ces concepts sont rencontrés dans d'autres domaines comme par exemple, le marketing ou la cybersécurité. Les biais cognitifs sont des déviations psychologiques de la pensée rationnelle provoquées par des distorsions formulées par notre cerveau lorsqu'il s'agit de nos jugements, nos perceptions, nos souvenirs, nos croyances et nos processus de décision. Les biais et effets les plus couramment rencontrés en cybersécurité sont les suivants :

Biais de confirmation : Le biais de confirmation est la tendance, très commune, à ne rechercher et ne prendre en considération que les informations qui confirment les croyances et à ignorer ou discréditer celles qui les contredisent.

Biais d'Ancrage mental : Se laisser influencer par la première impression, mise en évidence auprès d'une expérience menée par deux psychologues, Chris Janiszewski et Dan Uy (université de Floride).

Biais de Négativité : S'attarder sur les commentaires négatifs au détriment des commentaires positifs.

Le biais de croyance : Le biais de croyance se produit quand le jugement sur la logique d'un argument est biaisé par la croyance en la vérité ou la fausseté de la conclusion. Ainsi, des erreurs de logique seront ignorées si la conclusion correspond aux croyances.

Effet de projecteur : Imaginer être davantage remarqué par autrui que nous ne le sommes réellement.

L'effet Barnum : Le biais de l'effet Barnum (ou effet Forer) consiste à accepter une vague description de la personnalité comme s'appliquant spécifiquement à soi-même. Les horoscopes jouent sur ce phénomène.

Biais d'autocomplaisance : Se croire à l'origine de ses réussites, mais pas de ses échecs. Si cela se passe mal, c'est à cause de facteurs externes que nous ne contrôlons pas, à cause des autres.

Effet de Domination asymétrique : Penser que nous connaissons les autres mieux qu'ils ne nous connaissent – et même mieux qu'ils ne se connaissent eux-mêmes.

Effet de Halo (notoriété ou contamination) : Prendre une caractéristique positive ou négative, comme trouver une personne attractive et l'utiliser pour généraliser notre opinion sur celle-ci. Étude menée en 1920 par Edward Thorndike. Exemple : les gens qui portent des lunettes sont intelligents.

Effet Peltzman : Ou la « Compensation des Risques », consiste à modifier notre comportement en fonction du risque perçu ou de son absence – par exemple, conduire plus vite si nous portons une ceinture de sécurité.

Effet d'Excès de Confiance : Avoir plus confiance en notre propre jugement qu'en toute autre évaluation externe plus objective.

Effet de la Victime identifiable : Offrir plus facilement son aide à une personne victime ou en situation difficile, par rapport à un groupe d'individu ayant le même besoin.

Effet Dunning-Kruger : Les moins compétents dans un domaine surestiment leur compétence, alors que les plus compétents ont tendance à sous-estimer leur compétence.

La Malédiction de la Connaissance : Bien maitriser un sujet, et ne pas comprendre le point de vue d'une personne plus novice.

Effet d'Excès de Confiance : Avoir plus confiance en nos propres jugements qu'en toute autre évaluation externe plus objective.

Biais de Projection : Supposer que d'autres personnes pensent comme nous, ou bien que notre « nous du futur » sera dans le même état mental que nous le somme à présent.

Effet de Vérité illusoire : Répéter une information encore et encore augmente nos chances de croire qu'elle est vraie, même si aucun fait ne le confirme.

Le biais de statuquo : Le biais de statuquo est la tendance à préférer laisser les choses telles qu'elles sont, un changement apparaissant comme apportant plus de risques et d'inconvénients que d'avantages possibles.

Le biais de faux consensus : Le biais de faux consensus est la tendance à croire que les autres sont d'accord avec nous plus qu'ils ne le sont réellement.

Le biais de conformisme : Le biais de conformisme est la tendance à penser et agir comme les autres le font.

L'illusion de contrôle : L'illusion de contrôle est la tendance à croire que nous avons plus de contrôle sur une situation que nous n'en avons réellement. Un exemple extrême est celui du recours aux objets porte-chance.

Ces biais, ces illusions et ces effets sont autant de vulnérabilités exploitables par un attaquant de l'intérieur ou de l'extérieur, ils sont présents au sein de nos organisations au quotidien.

Les appréciations de risques, les processus et les procédures d'exploitation ou d'utilisation sont souvent rédigés sans prise en compte de ces biais, dans le cadre des appréciations de risques, il existe un concept influant directement sur les valeurs estimatives des conséquences et de la vraisemblance (entre autres).

C'est l'entretien du négativisme ou la distorsion cognitive. Elle a été introduite en 1967 par le psychiatre américain Aaron T. Beck, pionnier de la psychothérapie cognitivo-comportementale. Selon lui, les distorsions cognitives sont des façons de traiter l'information qui résultent des erreurs de pensée prévisibles ayant souvent pour conséquence d'entretenir des pensées et des émotions négatives.

Notons par exemple, le fait de :

- Tirer des conclusions hâtives (habituellement négatives) à partir de peu d'évidence ;
- S'attarder sur des détails négatifs dans une situation, ce qui amène à percevoir négativement l'ensemble de cette situation ;
- D'avoir des attentes sur ce que l'on devrait, ou que les autres devraient, faire faire sans comprendre ce que l'autre veut pour lui. Ce qui génère de la culpabilité et des sentiments de frustration, de colère et de ressentiment ;
- Amplifier l'importance de ses erreurs et ses lacunes. Considérer un évènement désagréable, intolérable, voire catastrophique ;

Ce type de comportement plombe une relation et une organisation, elle installe les individus dans de perpétuelles compensations. Dans ces conditions, il est difficile d'entretenir de la créativité et de la joie, dans le temps.

MATURITÉ ÉMOTIONNELLE ET UNICITÉ

L'unicité est un critère important dans la gestion d'un conflit, voici une définition simple et claire de l'unicité selon R. Davidson (professeur de psychologie, enseignant à l'université du Wisconsin à Madison) .Tout comme chaque individu a des empreintes digitales uniques et un visage unique, chacun de nous possède un profil émotionnel unique, il est tellement intégré que nos proches sont souvent capables de prédire notre réaction.

Nous savons maintenant que nous ne sommes pas différents, mais plutôt uniques, afin de vous familiariser avec la maturité émotionnelle de manière plus concrète, voici les cinq étapes de la maturité émotionnelle :

Niveau 0 / le déni de ses émotions : je crois que je contrôle tout par la volonté, j'intellectualise et je refoule mes émotions, pas besoin du système émotionnel et je vais très bien comme cela ;

Niveau 1 / la conscience de soi : C'est la capacité à identifier ses émotions et à les nommer, à reconnaitre leur influence ;

Niveau 2 / la maitrise de soi : Cela consiste à canaliser ses émotions et à s'adapter aux situations ;

Niveau 3 / la conscience de l'autre : Cela englobe la capacité à détecter et comprendre les émotions d'autrui et à agir en conséquence ;

Niveau 4 / la maturité sociale : Cela correspond à la capacité à résoudre les conflits, à inspirer et influencer les autres pour favoriser leur développement ;

Développer sa maturité émotionnelle est utile pour améliorer la relation que nous avons avec les autres et notre comportement, elle renforce notre capacité à nous mettre en relation avec les autres (intelligence émotionnelle). En règle générale, la personne ne se remettra pas en question si sa rentabilité actuelle est suffisante pour continuer à survivre. Si la personne prend conscience que se remettre en question sera plus rentable pour lui, il y a des chances pour qu'elle se mette en mouvement. De nos jours peu de personnes suivent le chemin d'une vraie remise en question, d'une compréhension de soi, c'est véritablement le travail de toute une vie, voire de plusieurs.

À travers ce tableau, il apparait plus simple de comprendre les principales différences de comportements entre des personnes matures et des personnes immatures, le tout est d'en avoir conscience.

COMPORTEMENT MATURE (responsabilité)		COMPORTEMENT IMMATURE (culpabilité)	
MATURITÉ	J'ai fait une erreur	IMMATURITÉ	J'ai commis une faute.
CONSTATE	C'est moi, je reconnais	CONTESTATION	Ce n'est pas moi
CURATIF	Je répare mon erreur	ACCUSATION	C'est les autres
PREVENTIF	J'évite que ça se reproduise en apprenant de mon erreur.	IRRESPONSABILITE FATALISME	Je n'y peux rien, c'est ainsi, c'est ma nature, je suis nul. Je n'apprends rien

LES DIFFÉRENTS NIVEAUX DE CONSCIENCE

Ce concept lié au niveau de conscience est utilisé dans le cadre de sensibilisations ou des formations (consciemment ou inconsciemment).

Prenons l'exemple de l'apprentissage de la bicyclette, lorsque vous étiez petit, avant de voir d'autres personnes faire de la bicyclette, vous ne saviez peut-être pas que cela existait. Mais lorsque vous avez vu votre cousine en faire, vous avez dû prendre conscience que vous ne saviez pas en faire. Cela fait partie des différents niveaux de conscience que vous avez vis-à-vis d'un évènement, les quatre niveaux chronologiques sont les suivants :

- Je ne sais pas que je ne sais pas ;
- Je sais que je ne sais pas ;
- Je sais que je sais ;
- Je ne sais pas que je sais ;

Les freins sont attachés à la douleur du passage de la première étape à la deuxième étape, la personne met en cause l'image qu'elle a d'elle. C'est un véritable exercice rattaché à la responsabilité.

L'EXERCICE DE LA RESPONSABILITÉ

L'exercice de la responsabilité est un acte difficile, c'est avant tout se dévoiler, se positionner et optimiser sa prise de risques. Dans ce cadre nous sommes tous responsables de ce que l'on dit, de ce que l'on fait, de ce qu'on laisse dire et de ce qu'on laisse faire. Le véritable frein à cet exercice est la peur de se démarquer du groupe, d'être parfois sorti d'un groupe sans raison fondée et claire, d'être éliminé, de s'autoriser à désobéir.

Dans certaines organisations, il est préférable de cultiver la paix et pour se rassurer que tout fonctionne bien, on génère de la complexité et des strates hiérarchiques ralentissant les prises de décision, les procédures sont rédigées avec des freins émotionnels ce qui provoque au niveau du « terrain » des adaptations et une fracture relationnelle importante avec les dirigeants ou les RSSI. Pour un attaquant, c'est l'opportunité de lancer une attaque ciblée assez simple ; et pour l'organisation, c'est véritablement des milliers d'euros qui partent en fumée.

ÉMOTIONS ET RAISON

Nous l'avons vu, la vitesse de circulation de l'information est beaucoup plus rapide dans le système émotionnel que dans le système rationnel (circuit court entre thalamus et amygdale). Le système émotionnel (Thalamus, Amygdales, Hippocampe et cortex préfrontal) impacte directement le comportement et l'état biologique d'une personne.

Si l'absence de développement neuronal entre les amygdales cérébrales, l'hippocampe et le cortex préfrontal est un facteur prédominant d'un dysfonctionnement comportemental raisonné, il est important de savoir que les amygdales cérébrales sont en relation avec d'autres organes du cerveau, ce qui influe également sur le comportement.

Dans le cadre de la cybersécurité, il convient donc de prendre conscience que les propositions techniques s'affranchissent souvent de l'état émotionnel ou des croyances des personnes qui vont utiliser ces outils. Les personnes vont utiliser les outils en fonction de leur maturité, de leur carte comportementale, certainement pas en fonction de ce veut le « RSSI » ou le responsable de service.

Proposer une solution technique pour résoudre un problème émotionnel, c'est comme soigner la maladie et non la personne.

L'ÂGE ÉMOTIONNEL

Quand nous demandons quel âge a une personne, la réponse donnée est souvent tributaire de la date de naissance mentionnée sur les documents administratifs de cette même personne. Celui-ci peut parfois évoluer en fonction des différents calendriers rencontrés dans le monde ou des cultures, ce type d'âge est appelé âge administratif. Il existe également un âge intellectuel et un âge biologique qui peut être différent de l'âge administratif, on fait référence à l'âge biologique lorsque l'on vous dit que vous paraissez plus jeune que votre âge.

L'âge qui nous intéresse particulièrement dans le cadre de la maturité émotionnelle est l'âge émotionnel. Cet âge est tributaire de la manière dont l'individu s'est développé psychiquement au cours de sa vie. Un enfant qui a vécu des chocs émotionnels importants ou qui a intégré des croyances limitantes sans les avoir traités positivement a cessé de croitre psychologiquement. Il est courant de rencontrer des personnes ayant un statut social important avec un âge émotionnel de 6 ans, voire moins. Si l'expression des émotions n'était pas courante durant son éducation, ou si les adultes qui l'ont éduqué n'ont pas veillé à développer leur propre maturité émotionnelle, il est fort probable que l'enfant soit simplement enfermé dans un mythe familial entretenu inconsciemment depuis plusieurs décennies.

Nous retrouvons donc dans une organisation différentes typologies de profils comportementaux ayant des âges émotionnels différents, ce qui va générer des régressions sous stress uniques pour chaque personne.

PROCESSUS DE CONFORMISATION ET D'INDIVIDUATION

La conformisation et l'individuation sont issues du modèle « Jungien » majoritairement reconnu aux états unis ou au Canada (Carl Jung, élève de Sigmund Freud).

Le processus de conformisation est un processus dédié à ce que l'on attend de nous afin qu'en échange nous recevions de l'amour et la sécurité nécessaire à notre existence. Ce processus est utile pour vivre au sein d'un groupe, il va développer « La Persona » et les ombres, c'est une dimension de notre personnalité qui se construit durant la première moitié de notre vie, c'est le masque social construit dans le conscient et l'inconscient collectif. La plupart du temps, les gens s'identifient uniquement à leur « persona », ils sont leur masque et rien d'autre. Dans le cadre de certaines promesses liées à la réussite ou au bonheur, il est possible que nous ressentions un gout d'insatisfaction ou d'incomplétude, ce qui nous amène à nous interroger sur ce que nous voulons pour nous et le sens de notre vie avant qu'il ne soit trop tard.

Le processus d'individuation fait appel à ce que nous sommes vraiment en tant qu'être doué de conscience, c'est un processus de croissance et d'évolution menant à la quête de « soi » et un sens profond à nos actions, ce sens perturbé à l'inconscient individuel. Ces notions de développement personnel sont importantes à prendre en compte dans une organisation et pour le manager du XXI siècle. **Thoreau : « Si je ne suis pas moi, qui le sera à ma place ? »**

LA RÉGRESSION SOUS STRESS

La régression sous stress est un facteur rencontré systématiquement dans les organisations. Le développement de sa propre maturité émotionnelle permet pour un évènement donné d'être perturbé de manière légère par une émotion. Prenons le cas d'un responsable de service qui la veille a eu une très mauvaise nouvelle. Après une nuit agitée, il arrive au bureau très agacé et fatigué et ses collaborateurs le ressentent.

Cette perturbation qui ne pourrait durer que quelques secondes ou quelques minutes va durer toute la journée, voire toute la semaine. Cette régression va influer sur le fonctionnement général de ses collaborateurs, il va également altérer son quotient intellectuel et prendre des décisions non rentables pour lui et pour les autres, et je ne vous parle pas des réunions non préparées sans prêter attention à la quantité d'informations que peut prendre en compte un cerveau dans un laps de temps donné.

Le développement de la maturité émotionnelle a donc des effets importants concernant les attaques par hameçonnage, mais au sens large au fonctionnement de l'entreprise.

LA RELATION AU POUVOIR ET À L'AUTORITÉ / IMAGE MATERNELLE ET PATERNELLE

Une vision du pouvoir : Une personne a du pouvoir sur vous lorsqu'elle possède quelque chose en quantité limitée que vous désirez. Une vision de l'autorité d'un point de vue psychologique (à ne pas confondre avec l'autoritarisme) : Une personne fait autorité lorsqu'elle est reconnue comme étant référente sur le sujet. D'un point de vue psychologique, l'image paternelle est capable d'écouter vos propres désirs sans jugement et de vous aider à gérer la relation que vous avez avec le pouvoir, cela afin d'obtenir ce que vous désirez en vous faisant plaisir, c'est plutôt quelqu'un de mature émotionnellement, responsable, qui saura vous conseiller, vous encourager et vous féliciter. Pour ce qui est de l'image maternelle, elle est plutôt connectée au pouvoir et à la protection (le pouvoir de nourrir et de protéger un enfant pour qu'il survive), afin de protéger l'enfant de nombreux interdits sont proclamés et la peur est souvent utilisée pour protéger l'enfant (ne mets pas tes doigts dans la prise sinon...) c'est ainsi que l'amalgame nait entre le pouvoir, le devoir et la peur. Les images maternelles et paternelles ne sont pas genrées, un homme peut représenter une image maternelle et une femme peut représenter une image paternelle. Dans la plupart des cas, l'image maternelle est cependant associée à la mère et force est de constater que la présence d'images paternelles chez les individus est relativement rare, ce qui explique pourquoi les personnes sont souvent dominées par leurs peurs, voire soumises au pouvoir, ils n'osent pas et ne savent pas gérer les conflits. De nombreux systèmes managériaux s'appuient sur ce principe profondément ancré et basé sur la peur et la non-responsabilisation, ils désengagent les personnes et ne permettent pas de développer leur propre autonomie (différence d'indépendance), c'est la peur du responsable, de celui ou celle qui détient un pouvoir et de la rentabilité financière qui prévaut (argent associé au pouvoir, à la domination).

Pour imager l'articulation entre l'image maternelle et paternelle, prenons un exemple concret. Léa a 6 ans, elle est chez elle et regarde par la fenêtre son vélo bleu qui est sous une forte pluie. Elle tient à son vélo, et elle veut le mettre à l'abri. Léa demande donc à sa maman si elle peut sortir afin de mettre son vélo à l'abri. La maman regarde à l'extérieur et constate qu'il pleut intensément, elle finit par lui dire non (protection et pouvoir). Léa est frustrée, elle décide d'aller voir son père et lui pose la même question, la réponse du père est la suivante : qu'a dit ta maman ? Léa lui répond : elle m'a dit non. Plusieurs réponses du père sont alors possibles, mais nous n'en retiendrons que quatre pour imager l'importance des mots impactant le futur comportement.

Première réponse possible du père : Si ta mère a dit non, alors c'est non. Dans ce cas, le père apprend simplement à sa fille à se soumettre au pouvoir.

Deuxième réponse possible du père : Attends que ta mère soit sortie et profites-en pour rentrer ton vélo. Dans ce cas précis, le père apprend à l'enfant à contourner le pouvoir.

Troisième réponse possible du père : Ne t'en fais pas, je vais le faire à ta place ! Dans ce cas le père apprend à l'enfant à ne pas faire par lui-même, plus tard, il demandera aux autres de faire à sa place.

Quatrième réponse possible du père : As-tu dit à ta maman que tu allais mettre tes bottes, ton imperméable et que tu ne restais pas dehors plus de trois minutes ? Léa répond par la négative, et le père la renvoie vers sa mère pour qu'elle obtienne ce qu'elle désire. Dans ce cas, le père conseille sa fille afin qu'elle gère le conflit face au pouvoir (Gestion de ses propres peurs) de manière à ce qu'elle obtienne ce qu'elle désire (les deux parties sont convaincues). **L'image paternelle lui apprend à gérer la relation qu'elle a avec le pouvoir, à ressentir le plaisir à gérer les conflits, mais encore faut-il s'intéresser à son enfant, afin savoir ce que son enfant désire vraiment pour lui, sans transférer ses propres besoins ou désirs.**

Léa apprendra à obtenir ce qu'elle veut en sachant demander de l'aide et conseil à temps. Elle deviendra autonome et responsable. Ce qui n'est pas la même chose que d'être indépendant, vous êtes indépendant quand vous faites les choses, seule ou seul, comme acheter une baguette de pain par exemple.

Ces réponses possibles sont des exemples, elles peuvent être différentes en fonction du niveau et de l'état de la relation avec le père ou de la mère (rivalité, par exemple).

La cellule familiale est le premier endroit où l'individu bâtit sa stratégie comportementale, elle est issue de sa volonté d'exister, de sa volonté de se démarquer des membres de la fratrie et des comportements spécifiques qu'il va adopter au fil de sa vie. Les comportements, ainsi construits, perdurent tout au long de la vie, s'ils ne sont pas généralement compris ou travaillés.

La cellule familiale est également le premier endroit où l'individu se construit, le premier endroit où il fait l'expérience des figures de pouvoir et d'autorité, où il vit ses premiers désaccords. C'est aussi le premier endroit de construction des propres représentations de ses souvenirs émotionnels. Le « Moi » se construit au fur et à mesure que l'individu établi des relations avec les autres et notre rapport à notre « patron » **ne sera jamais meilleur** que notre rapport à nos images maternelles et paternelles.

FRATRIE

Ces images paternelles ou maternelles peuvent être également jouées par un oncle, une tante, une grand-mère, un professeur, etc. Elles vont également avoir des perceptions différentes au sein d'une fratrie ou dans le cas d'un enfant unique. Dans le cas d'une fratrie, l'enfant va inconsciemment jouer un rôle différenciateur afin d'obtenir de l'attention de la mère ou du père, afin d'être aimé (l'amour peut être amalgamé avec un type de comportement précis, exemple : aimer c'est battre une personne). On peut citer le rôle du rebelle, du premier de la classe, du chétif, du rapporteur, du serveur, du nul... Un rôle peut parfois servir de compensation afin de supporter le rôle principal (exemple : Afin d'éviter de se suicider ou de subir de la violence qu'il semble avoir méritée, le nul peut générer un profil de premier de la classe pour survivre, ne pas sombrer). Nous retrouvons tous ces rôles dans les organisations à de divers postes et derrière un ordinateur. Cela se jouera également en fonction de l'aspect interculturel et des virus transgénérationnels (transmission des croyances de génération en génération).

Ces notions sont importantes pour le facteur émotionnel en cybersécurité. Elles sont à prendre en compte lors des audits, et des évaluations de risques, elles présentent un vecteur important pour les sensibilisations et les attaques.

NOTIONS DE RÔLES

La notion de rôles est utilisée dans un accompagnement destiné à développer sa maturité émotionnelle et également dans le cadre des relations. Lorsque l'on parle de rôle, on parle par exemple de rôle du père, de la grand-mère, mais aussi du fils du père de..., ou de la fille de la mère de..., du frère de...etc. Si l'on reprend l'exemple de la fratrie des 10 personnes dont 6 se sont suicidés, il est probable que ce ne soit ni le père de ...ou la mère de ... qui a battu les enfants, mais plutôt le fils de... ou la fille de..., si l'on considère que le père ou la mère a simplement reproduit ce qu'ils ont appris. Ceci permet de dissocier les différents rôles liés à une seule personne. En fonction des mots utilisés lors de la gestion d'un conflit ou d'une crise, si vous activez inconsciemment un rôle, les réponses et les comportements seront différents.

Une autre grille de lecture peut être utilisée pour les notions de rôles, c'est le triangle de Stephen Karpann (issue de l'analyse transactionnelle et de l'école Palo Alto : cf. ouvrages du docteur, Éric Berne). Ce triangle issu de l'analyse transactionnelle est couramment utilisé en ingénierie sociale, elle alterne trois rôles majeurs : le persécuteur, le sauveur et la victime.

Le persécuteur tente d'éteindre la lumière des autres afin d'allumer la sienne, le sauveur a un besoin de reconnaissance, il aide sans avoir de demande, les victimes expliquent que c'est la faute des autres et attendre d'être sauvées, elles ne quittent pas à la légère le statut de victime, c'est ce qui les fait exister. Ces trois rôles sont constamment en jeu dans une relation et en perpétuelle alternance, et un attaquant va évidemment ajuster ces attaques pour que vous réagissiez comme il le désire. Les rôles sont majoritairement développés pendant l'enfance. Se positionner au centre de ses trois angles constamment en mouvement a un impact direct sur l'intelligence collective d'une organisation.

En thérapie, le but ultime d'un changement n'est pas de devenir un autre, mais d'oser devenir soi-même.

HARCÈLEMENT

Nous ne pouvons pas parler de pouvoir sans évoquer le harcèlement. Nous nous intéresserons particulièrement au harcèlement fusionnel et au harcèlement moral, ils sont assez courants dans les entreprises. Le harcèlement fusionnel nait très clairement d'une carence affective vécue très jeune, les deux processus fondamentaux de ce processus sont la parentification et la loyauté familiale.

La parentification : elle nait de la peur du parent, celle d'être autonome et responsable, il oblige son enfant à prendre des responsabilités lourdes très tôt à sa place. Un enfant peut prendre très jeune le rôle de mère ou de père qu'il ne souhaite pas prendre, alors que ce n'est pas son rôle.

La loyauté familiale : le parent a tous les droits, il positionne l'enfant dans le devoir, la culpabilité, la honte, la redevabilité. Le parent a peur d'être abandonné, c'est pourquoi il ne reconnaitra jamais que l'enfant a suffisamment prouvé sa loyauté familiale. Ce harcèlement fusionnel est essentiellement attaché à des profils de dépendants, ils sont de véritables harceleurs étouffants, jaloux, ils appellent à la pitié ou à la peur, ils vont jusqu'à générer de l'impuissance, un découragement, un stress menant jusque l'épuisement. Il va sans cesse vérifier la solidité de l'autre.

Le harcèlement moral est constitué d'agissements hostiles évidents ou cachés, d'un ou plusieurs individus sur un individu désigné, souffre-douleur au sens propre. Par des paroles d'apparence anodines, des allusions, des suggestions ou des non-dits sans réelle "factualité", le harceleur est bien en mesure de déstabiliser un individu dans la durée, de le détruire au cœur d'un déni complet de l'entourage. Cet agresseur a en fait une faible estime de soi, il doit rabaisser les autres pour obtenir le pouvoir, pour conserver l'admiration et l'approbation, il est prêt « casser » ou à inventer un prétexte afin d'isoler et d'évincer sa victime, pour se faire il peut se montrer en début de relation comme très courtois avec sa victime afin

de déceler ses vulnérabilités, il se fait obéir et est majoritairement dans l'autoritarisme.
Ces deux types de harcèlement peuvent également se vivre de manière numérique, par l'intermédiaire de messages, de vidéos ou sur bon nombre de sites internet. Internet est du reste un moyen de déceler différents types de profils pour passer à l'action, d'où l'importance d'éduquer les enfants et les parents très tôt sur ces sujets. Les parents ne peuvent pas donner ce qu'ils n'ont pas, ils héritent bien souvent de ce que leurs propres parents leur ont transmis. Néanmoins, il est important de comprendre ce qui se joue d'un point de vue affectif et existentiel, avant de l'accepter ou pas ; aider son enfant à déterminer quel est son but dans la vie, plutôt que l'aider son enfant à déterminer quel sera son métier, cela lui permettra certainement d'exister au lieu de fuir la réalité par n'importe quel moyen. Ce but étant rattaché au désir de l'enfant, il donne un sens et le sentiment d'exister. Les origines du désir sont également à approfondir afin qu'ils ne soient pas confondus avec les besoins ou des compensations. Exemple : j'aimerais être tranquille, mais comme je ne le suis jamais, je compense par la nourriture.

L'IMAGE, L'ESTIME DE SOI ET LA CONFIANCE EN SOI

L'objet de ce paragraphe n'est pas de développer ce qu'est l'image, l'estime de soi ou de la confiance en soi, cependant ces critères sont largement influents sur le comportement de l'individu dans le cadre de ses relations, des conflits et des crises.

Nous pourrions les définir de la manière suivante :

La confiance en soi concerne l'évaluation de combien nous nous sentons capables. Elle peut être assimilée à la capacité à gérer ses peurs et ses angoisses pour aller vers ses désirs pour se faire plaisir. Il est utile de préciser que la bienveillance n'est pas de la complaisance. Nous pouvons être bienveillants sans être complaisants, cela aide parfois les autres si tentés qu'ils le veuillent et qu'ils l'acceptent.

L'estime de soi, c'est l'ensemble des représentations dont l'individu dispose à propos de lui-même. Il s'agit de l'évaluation qu'un individu fait de sa propre valeur, c'est-à-dire son degré de satisfaction de lui-même.

L'image de soi correspond à la description de soi-même que chacun fait selon son propre point de vue. C'est la façon dont la personne se perçoit, se réfère à un ensemble de caractéristiques (gouts, intérêts, qualités, défauts, etc.) de traits personnels (incluant les caractères corporels), de rôles et de valeurs, etc. qu'elle s'attribue et qu'elle se reconnait en dépit des changements.

LES DIFFÉRENTES PERSONNALITÉS RENCONTRÉES DANS UNE ORGANISATION

Les traits de personnalité sont caractérisés par la manière dont on perçoit son environnement et sa propre personne, c'est la manière de se comporter, de réagir et d'agir. Ils se définissent souvent par des adjectifs comme, autoritaire, sociable, altruiste, méfiant, consciencieux… **Les personnalités et les comportements sont en fait déterminés par les croyances fondamentales acquises très tôt dans notre enfance.**

En latin, la « persona » est un masque. Les deux composantes majeures de la personnalité sont :

- **Le tempérament :** C'est la composante innée de la personnalité. Ainsi, à la naissance nous possédons déjà certaines caractéristiques liées à la personnalité ;

- **Le caractère :** C'est la part de notre personnalité relative à notre éducation. Cet aspect de la personnalité est une part acquise ;

Le caractère et le tempérament vont donc se mêler l'un à l'autre, faisant de chacun d'entre nous, le fruit des deux ADN parentaux et des influences de l'environnement culturel et social.

<u>Les deux composantes de la personnalité :</u>

Le trait de la personnalité = Caractéristique stable et permanente.

L'état de la personnalité = Comportement propre à un instant donné.

Si nous observons une personne invitée à une soirée qui cherche à lier de nouvelles connaissances, cela ne suffit pas pour penser qu'elle a un trait de personnalité sociable. Cette personne se montre sociable parce qu'elle estime que c'est nécessaire pour se faire aimer, accepter. Nous n'avons pas prouvé qu'elle fût sociable dans d'autres circonstances, que c'était habituel chez elle... Nous la voyons dans un état sociable, mais le trait de sa personnalité est peut-être différent. Nous parlons donc ici d'un état de la personnalité. Si deux personnes parlent de la personnalité d'une troisième qu'elles connaissent, elles discutent souvent sans le savoir de la différence entre **trait** (caractéristique constante) et **état** (état passager lié aux circonstances). Par exemple :

– Marc est un grand optimiste (trait de caractère).

– Mais non, pas du tout, c'est qu'il vient de gagner une somme importante à la loterie (état passager).

– Non, non, je l'ai toujours connu optimiste (trait).

– Pas du tout, je l'ai connu lorsque nous étions au lycée, c'était quelqu'un de triste (état) !

ATTENTION !

Depuis longtemps, les hommes ont cherché à classer les individus selon des critères psychologiques. Ces classements étaient basés sur les personnalités, elles sont présentes dans les organisations et certaines personnalités sont plus sociables que d'autres. Veillez donc à considérer l'humain dans sa complexité émotionnelle et pas uniquement selon un type de profil positionné dans une case. Ces profils peuvent simplement nous aider à comprendre qu'elles sont les différentes manières de réagir et non pas d'agir.
Qu'est-ce que la réaction ? Et qu'est-ce que l'action ?
Quel est le lien entre la réaction et le ressenti (rumination) ?

PRINCIPALES PERSONNALITÉS DIFFICILES ET LEURS CROYANCES

Les techniques liées à l'ingénierie sociale à la manipulation peuvent s'appuyer sur bon nombre de livres liés à la psychologie. À la lecture d'un mail, des traces laissées sur internet, des interventions ou simplement lors d'une conversation, il est possible de déterminer pour une personne entrainée quel est le profil d'une personne et comment il peut réagir à une situation « gâchette ». Un premier exercice pourrait consister à savoir quel est votre profil de manière à vous surveiller. Les tableaux que l'on retrouve par exemple dans les ouvrages de François Lelord et Christophe André peuvent vous aider. Cependant, ce ne sont que quelques supports de compréhension, l'étude du facteur émotionnel est avant tout une aventure visant à se connaitre soi-même ; cette connaissance de soi est un chemin de vie unique et propre à chacun de nous. Votre inconscient étant aussi fort que votre égo (votre carapace), soyez assuré que vous contournerez l'obstacle qui vous fera grandir, c'est la raison pour laquelle il est recommandé de faire appel à des accompagnateurs opérationnels et spécialisés, ils seront en mesure de vous apporter des éléments de compréhension concernant le processus utilisé et cibler avec vous le frein émotionnel à traiter (à condition que le coach l'ait lui-même traité).

Les comportements évoluent en fonction des contextes, des environnements. Pour déterminer votre profil, Il est recommandé de s'imaginer un contexte, une situation que vous auriez vécue. La vision peut être plus ou moins agréable, cependant l'émotion que vous ressentirez vous rappellera certainement un souvenir, elle vous permettra de comprendre l'articulation et les premières compensations rencontrées lors d'une relation avec une autre personne ou avec vous-même.

Nommer ses propres émotions vous permettra de les reconnaitre par la suite et de vous interroger rationnellement quand l'émotion nommée sera moins débordante. Dans les types de personnalités, on retrouve régulièrement les personnalités anxieuses, paranoïaques, histrioniques, dépendantes, passives agressives, évitantes, de type A, schizoïde, narcissique, obsessionnel...tous ces profils prennent forme durant l'éducation et sont transmis via les croyances et les mythes familiaux bien avant votre naissance.

LA GÉNÉTIQUE

Depuis une vingtaine d'années, la génétique du comportement bénéficie d'une expansion spectaculaire, porteuse d'espoirs et de nouvelles découvertes.

Nos gènes contiennent les instructions servant à l'élaboration de notre organisme, ils influent sur la couleur de nos yeux, de nos cheveux, de la nature de notre peau, etc ... La génétique du comportement cherche dans quelle mesure notre « carte comportementale » génétique peut influer sur nos comportements, nous sommes au cœur de l'épigénétique. L'environnement dans lequel les individus évoluent va influencer sur le marquage biologique du gène, ce marquage biologique est transmis de génération en génération, ce marquage biologique va influencer notre comportement en fonction d'un stimulus extérieur. Les chercheurs ont longtemps privilégié l'observation, notamment d'enfants adoptés, et de jumeaux, à environnements supposés égaux. Les enfants adoptés ressembleraient parfois plus à leur famille biologique qu'à leur famille adoptive. De même, deux vrais jumeaux se ressembleraient davantage, par le comportement, que deux faux jumeaux ou deux frères (ou sœurs) non jumeaux, et plus encore s'ils ont été élevés séparément. Ces résultats attestent en partie l'influence de l'environnement sur le marquage biologique des gènes.. Des résultats de recherches sont maintenant disponibles, elles expliquent l'influence du marquage génétique de la fécondation au développement d'un foetus (national library of medecine / Cortisol and fœtus dévelopment). Les gènes sont entre autres, portés par les protéines, celles-ci influent directement sur le comportement, ces mêmes protéines permettent également à la cellule d'assurer sa fonction.

Pour aller plus loin sur la génétique et l'épigénétique : https://www.snpedia.com/

CONGRUENCE DU CORPS ET DE L'ESPRIT / EMOTIONS FORTES ET CONSEQUENCES PHYSIOLOGIQUES

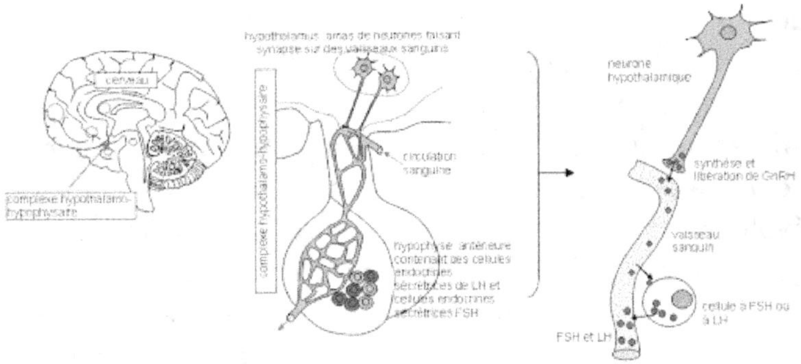

Nous avons exploré durant ces derniers chapitres les incidences de la psyché sur nos comportements. Mais le corps est également un formidable levier de compréhension de nos émotions. L'objet de ce chapitre n'est pas d'aborder directement le lien existant entre les émotions et les maladies, mais plutôt d'apporter un nouvel éclairage comportemental sur ce que nous signifie notre corps. Nous ne parlons pas de postures corporelles, mais plutôt des impacts qu'ont le stress ou les attaques cyber sur le corps humain.

Comme chaque instrument de musique, notre corps a ses propres règles et son langage. C'est seulement par l'ignorance que nous ne pouvons (ou ne voulons) pas entendre et comprendre ses messages. Il est devenu normal aujourd'hui de réagir sur une maladie ou à une douleur avec une action répressive. Dans son œuvre, Ashtanga Hridaya Samhita (7e siècle), Vabghata évoque six stades du développement d'une maladie. Que ce soit suite à un stress ou une attaque traumatisante, voilà ce qui se produit :

1. Psychique : le stade causal, quand le déséquilibre apparait au niveau du subconscient. Ce déséquilibre est lié à une conception de l'égo en interaction avec le monde extérieur.

2. Énergétique : le déséquilibre du système des canaux énergétiques.

3. Neuroendocrinien : le dysfonctionnement du système neuroendocrinien, le déséquilibre apparait surtout au niveau du corps.

4. Endotoxique : Observation du développement des toxines dans les différentes parties du corps.

5. Visible symptomatique : Les apparitions des symptômes cliniques de la maladie.

6. Terminal : C'est la destruction de l'organe malade.

On voit ici que les symptômes qui apparaissent au niveau du corps sont les derniers cris de notre système. Afin de mieux comprendre l'impact du psychique sur le corps, il existe aujourd'hui des ouvrages comme celui de Jacques Martel “Le grand dictionnaire des malaises et des maladies” ou encore celui d'Isabelle Filliozat et d'Hélène

Roubaix « Le corps messager : Quand la maladie nous parle de nous ».

Cela permet de comprendre en partie nos états intérieurs par l'intermédiaire d'observations extérieures, et de sentir ce que l'on appelle les prodromes (Signe avant-coureur d'un malaise, d'une maladie). Ces ouvrages comptant parmi d'autres sont rédigés afin d'entrevoir ce qui se joue et de faire remonter en surface un vécu douloureux que nous avons tendance à refouler inconsciemment ou consciemment. Toutes les émotions que nous refoulons à l'intérieur de nous-mêmes parce que nous ne pouvons pas ou ne voulons pas les verbaliser peuvent se cristalliser dans différentes parties du corps ou se manifester à travers un problème corporel plus ou moins grave. La panique peut provoquer des diarrhées, la colère retenue peut provoquer une crise de foie, la difficulté à trouver ou à prendre sa place peut provoquer des infections urinaires, quelque chose qu'on ne veut pas entendre ou quand on ne s'écoute pas peut provoquer des douleurs d'oreilles, quelque chose qu'on n'a pas osé dire peut provoquer des maux de gorge ou des extinctions de voix soudaines, un refus de céder peut provoquer des problèmes de genoux, une incapacité d'avancer peut provoquer des douleurs au niveau des pieds, porter trop de choses sur soi peut provoquer des douleurs de dos ou au fessier. Vous aurez également compris qu'un déni peut engendrer un refus de voir la réalité en face pendant qu'une attaque informatique progresse, et lorsque ce déni est prolongé il peut provoquer des maladies plus graves.

Le microbiome et les organes du corps sont donc liés aux émotions et aux comportements, voici quelques exemples énumérant la relation entre le type d'organe impacté et l'émotion :

Le foie

Le foie représente les choix, la colère, les changements et l'adaptation. On peut souffrir du foie lorsque l'on ne parvient pas à s'adapter à des changements, professionnels ou familiaux.

Les hernies

La détresse implose à l'intérieur et demande à être exprimée et libérée.

On se sent coincé, mais où l'on reste par peur de manquer de quelque chose, généralement du matériel.

Autopunition parce nous nous culpabilisons, que nous nous en voulons, incapacité à réaliser ces rêves, ce que nous voulons pour nous-mêmes, et pas ce que les autres veulent pour nous.

Refouler ses émotions. Nous voulons tout diriger, nous ne nous laissons pas porter par la vie, mais nous cherchons à la contrôler.

Les genoux

Douleurs aux genoux : refus de plier, de se soumettre, de céder, fierté, égo, caractère inflexible ou au contraire, on subit sans rien oser dire, on s'obstine.

La peau

Les maladies de peau ont très souvent, à l'origine, un conflit de séparation mal géré, une séparation mal vécue, soit par la mère, soit par l'enfant. C'est aussi généré par une séparation aussi envers soi-même, une dévalorisation de soi vis-à-vis de l'entourage.

L'eczéma

Anxiété, peur de l'avenir, difficultés à s'exprimer.

Colère, impatience et énervement de ne pas pouvoir résoudre une contrariété, un conflit.

Séparation, mort, deuil.

Le psoriasis

Personne souvent hypersensible qui n'est pas bien dans sa peau et qui voudrait être quelqu'un d'autre. Ne se sent pas reconnue, souffre d'un problème d'identité.

Les bras

Il y a de nombreuses causes émotionnelles liées aux douleurs et aux problèmes de bras. Les bras sont le prolongement du cœur et sont liés à l'action de faire et de recevoir, ainsi le pouvoir (image maternelle).

Les douleurs aux bras peuvent être liées à de la difficulté à aimer ce que je dois faire. Se sentir inutile, ce qui amène la personne à se replier sur elle.

L'accompagnement psychologique pendant et après une attaque informatique stressante est un impératif.

LES ÉTAPES DU DEUIL

Nous avons évoqué le deuil pour les situations liées à l'eczéma, mais les deuils non vécus et non métabolisés peuvent également faire ressurgir d'autres symptômes en relation avec la tristesse (poumons, problèmes respiratoires). Le deuil a la même racine latine que la douleur exprimée par le mot « dolus ». Ainsi, l'expression « faire son deuil » veut dire « passer à travers sa douleur ». Le deuil est la perte d'une personne, d'un objet, d'une valeur ou d'un changement dans l'état de santé auxquels la personne est fortement attachée. Le processus de deuil est un état naturel de cicatrisation psychique en plusieurs étapes :

- Phase du déni : la personne refuse de croire ce qui lui arrive. Le psychique de l'être humain est ainsi fait pour éviter le déplaisir sans pour autant ignorer la réalité. Le rôle de l'infirmière est d'être présente en silence, en permettant à la personne de verbaliser sa douleur et sa souffrance.

- Phase de colère : la personne exprime sa révolte face à ce qui lui a été imposé : « Pourquoi moi ? ». Elle peut-être agressive face à son entourage en cherchant le responsable à son malheur. Il est donc important de laisser cette colère s'exprimer.
- Phase de marchandage : la situation est acceptée, mais la personne tente de gagner du temps. Elle peut ainsi prier, promettre, en échange d'une prolongation de la vie.
- Phase de dépression : la personne se replie sur elle et n'a plus envie de lutter. Elle s'inquiète pour son entourage.
- Phase d'acceptation : c'est une période de paix où la personne revit. Elle se permet de faire des projets et de regarder vers l'avenir.

La relation avec la mort est devenue un sujet distant depuis l'essor de la médicalisation des années 50, les gens ont commencé à mourir dans les hôpitaux et non plus chez eux, d'où la perte de sa compréhension. Une réappropriation liée au minimum à sa compréhension permet de mieux accompagner et de mieux s'accompagner vers cette partie de la vie.

Les personnes en deuil vont bien évidemment avoir un impact sur les relations avec les autres et sur les quadrants de chaque individu : Physique, émotionnel, intellectuel et spirituel. (cf. ouvrages d'Élisabeth Kubbler-Ross et de Christophe Fauré). Il existe plusieurs types de deuils, le deuil normal, le deuil compliqué et le deuil pathologique, nous n'allons pas les détailler dans ce livre, cependant il est intéressant d'observer quels sont les différents mécanismes de défense utilisés pour supporter l'angoisse :

- combattivité ou sublimation : transformer l'évènement difficile en action positive. L'énergie supprime le découragement et laisse place à la confiance et l'espoir ;
- déni : c'est le refus de croire à la difficile réalité ;
- dénégation : connaitre la réalité, mais la rejeter, car elle est inacceptable ;
- déplacement : transférer son angoisse sur quelqu'un ;
- isolement : décrire une situation grave et connue avec détachement et précision ;
- projection agressive : la personne est agressive et rend l'autre responsable de la situation ;
- rationalisation : la personne essaye de comprendre l'origine et la raison de la situation pour mieux la contrôler, la maitriser ;
- régression : reprendre des attitudes ou des comportements anciens par rapport à son statut actuel.

L'INFLUENCE DU TEMPS

Le temps a une influence certaine sur l'état émotionnel. Si vous aviez tout le temps nécessaire pour réaliser vos tâches, les peurs et les angoisses liées aux délais impartis seraient pratiquement nulles. Le temps est donc un générateur émotionnel important. Il nous renvoie à notre propre existence, à notre propre mort, à notre capacité de gérer le pouvoir qu'a le temps sur nous, à ce que l'on veut pour soi, à la gestion de nos conflits intérieurs et de nos priorités. Deux notions du temps sont à prendre en compte, le temps comptable et le temps vécu.

Le temps comptable est un temps inscrit sur le mode du « faire ». Il est une création de l'esprit lié à l'action ou à la réaction. Il est lié au devenir, à la transformation, à donner forme. C'est le temps mathématique de l'horloge. C'est un temps qui doit rapporter. Selon Henri Bergson, le temps comptable est l'élocution créative.

Le temps vécu est un temps inscrit sur le mode de l'« être ». Il est lié à un état émotionnel ressenti. Une action réalisée dans le plaisir ou l'ennui avec un temps comptable identique n'aura pas le même temps vécu. L'un sera ressenti comme étant plus rapide que l'autre, ou inversement.

L'URGENCE

Selon l'ouvrage « Être et le temps » de Martin Eineger, le contraire du temps qui passe est le néant, la mort. Cela peut aussi nous rapprocher de nous-mêmes, mieux vaut être dans l'action qu'être seul avec soi-même et réfléchir sur ce que l'on veut pour soi, le silence ou l'inaction devient insupportable. Ces différentes causes peuvent parfois expliquer la raison pour laquelle les personnes sont régulièrement dans l'urgence et dans un stress permanent, cette urgence est parfois entretenue par des systèmes de management souhaitant réduire leurs collaborateurs à des robots effectuant des tâches ou pour jouer le syndrome de l'autopsie (laisser consciemment pourrir une situation ou un individu dans la difficulté pour conserver le pouvoir et jouer le rôle du sauveur). L'urgence est devenue une normalité, elle s'est généralisée au point de devenir un standard au détriment de l'important et de regarder les personnes non stressées de manière douteuse ou incomprise, elle renvoie à ses propres névroses, ce qui peut provoquer la peur de l'autre et de l'éloignement.

La séparation de l'important et de l'urgent est rarement établie dans les organisations, prenons le cas d'un service de maintenance dans un site de fabrication. Les machines de production peuvent parfois tomber en panne, ce qui impacte directement la productivité. Les techniciens de maintenance interviennent alors pour dépanner les machines dans l'urgence. L'urgence étant perçue comme une priorité, ces mêmes techniciens de maintenance ont rarement l'occasion de prendre le temps pour réfléchir à la cause profonde de l'incident, de faire en sorte qu'il ne se reproduise pas, les deux processus ne sont pas dissociés.

La segmentation des flux de traitement est donc importante pour réduire les états d'urgence et de stress généré. Cet exemple lié à la maintenance est « scalable » vers d'autres types de services ou de situations. D'un point de vue philosophique, on accorde à l'important le temps du questionnement. Il demande donc une attention particulière au silence, on l'assimile en musique comme un soupir nécessaire à la partition jouée. Le silence faisant parfois émerger en surface un mal-être, il est souvent plus facile de rester dans l'urgence que de réfléchir à ce que l'on fait ou ce que l'on pourrait écrire afin de mieux comprendre. Utiliser le silence et sa densité intime comme présence est donc nécessaire à la liberté et à la créativité.

Écrire est une action, lors de certains accompagnements cognitifs destinés à mieux se connaitre, la phase d'écriture permet non seulement de se relire pour ajuster sa pensée, mais elle permet surtout de passer de la phase de conceptualisation (émotionnelle par exemple) à la phase de concrétisation. Les actions comme les écrits sont donc le reflet de nos propres filtres. Écrire quelque chose qui ne correspond pas à nos croyances est un exercice difficile, c'est une véritable lutte intérieure énergivore, tous les systèmes de défense internes sont activés pour rester dans une zone de sécurité, et surtout ne pas changer. C'est véritablement une action liée à la modification des circuits neuronaux, à la plasticité du cerveau.

Penser et réfléchir n'est quasiment plus pris en compte de nos jours, la production et le délai de réalisation sont prioritaires au détriment de la relation humaine et du bien-être. Cet état de fait, cumulé à l'absence de sécurité, d'appartenance à un groupe, de différenciation de l'individu devient le quotidien de nombreuses organisations. À la question, quel est le rôle d'une entreprise, il est fort probable que la réponse apportée régulièrement soit « de gagner de l'argent ». L'argent est devenu une finalité alors qu'elle devrait être un moyen pour mener un projet en confiance, satisfaire un client, et nourrir une vision porteuse d'un sens partagé pour tous les acteurs du projet.

Les individus appartiennent au temps alors que cela devrait être l'inverse. Encore une relation au pouvoir nous rappelant l'importance de l'image maternelle (page 147).

LES PHASES LIÉES AU STRESS

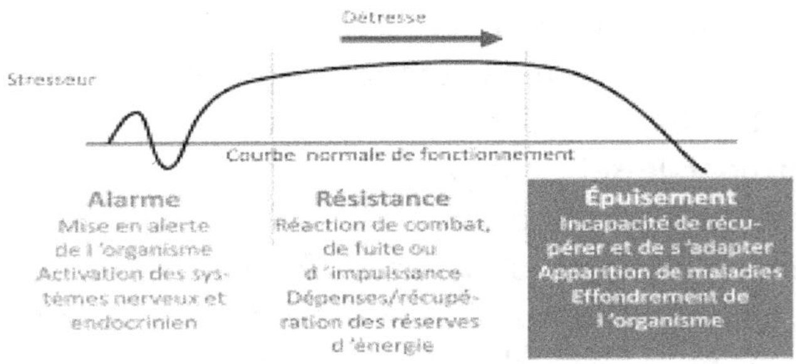

Le stress est un état rencontré régulièrement dans les sociétés, selon les dernières données du Panorama de la Santé de l'OCDE, la France n'est aujourd'hui plus le pays où l'on consomme le plus d'antidépresseurs dans le monde. Avec près de 130 doses consommées pour 1 000 habitants par jour en 2015, c'est l'Islande qui a ravi la première marche du podium. La France se situe sous la moyenne des 28 pays du classement (60,3 doses) avec 49,8 cachets consommés pour 1 000 habitants par jour. Une crise ou une attaque informatique vécue dans un état de stress déjà présent sera plus difficile à gérer que dans une organisation ou les individus sont engagés autour d'un projet ayant du sens et sans stress. Afin de mieux percevoir les indicateurs liés au stress et de s'organiser en conséquence, les différentes phases de stress doivent être connues et détectées pour y remédier.

La phase d'alarme : C'est le stress aigu, elle est génératrice d'adrénaline, de cortisol, les conséquences de cette phase sont le « FIGHT » (combat) ou le FLIGHT » (fuite).

La phase de résistance : C'est le stress chronique, générateur d'adrénaline et de cortisol. Une augmentation des ressources énergétiques, du rythme cardiaque et une augmentation de la vigilance peuvent être détectés, nous sommes dans une phase de régulation centrale.

La phase d'épuisement : Dans cette phase, on vit l'inhibition des voies nerveuses, hippocampiques et corticales.

L'état de stress post-traumatique : Hypo-activation du cortex cingulaire, atténuation des émotions, réduction du cortex préfrontal, amygdales cérébrales isolées et réduction du volume de l'hippocampe.

LA SIDÉRATION PSYCHIQUE ET LA DISSOCIATION

Parfois, la violence induit dans le cerveau un réflexe de protection qui « sort » la victime de son corps, l'immobilise, la coupe totalement de la réalité et l'empêche de réagir. Face à un danger, le cerveau nous prépare à la fuite. Une partie du cerveau précisément : les amygdales cérébrales ordonnent la production d'adrénaline ou de cortisol (le cortisol est reconnu pour détruire les neurones pendant la colère). Les symptômes apparaissent, le pouls s'accélère et les muscles se contractent. Seulement, quand il n'est pas possible de prendre la fuite, le corps est saturé de cet excès d'hormones. Et parce qu'on peut mourir de stress (avec un arrêt cardiaque par exemple), l'organisme se court-circuite. Le cerveau libère des molécules, équivalentes à la morphine (celle qui anesthésie les patients à l'hôpital) et de la kétamine. Il permet au corps d'accepter l'inacceptable. Un état non sans conséquences : la personne entre dans une seconde phase, celle de la **dissociation.** Ce sentiment de ne plus être à l'intérieur de son corps est universel dans le cas de fortes émotions « Quand le circuit intérieur disjoncte, on a l'impression qu'on est à l'extérieur de l'évènement, on est robotisé, comme mort, on a l'impression de voir cela de haut. La personne entre en **état modifié de conscience**, cela engendre une sensation d'anesthésie avec lourdeurs, engourdissement, non-réponse des membres, incapacité de parler, de réagir, troubles de la vue, distorsion de la perception auditive, etc. **La sidération psychique** empêche d'intégrer correctement les informations perçues par notre système nerveux, de les digérer.

La dissociation peut rester perpétuellement vivace, et un rien peut ramener la victime à un état de traumatisme lié à une violence non assimilée, cela peut durer pendant des années, en empêchant toute forme de verbalisation. Les personnes ayant vécu des cas de sidération et de dissociation, comme des incestes, sont nombreuses dans nos organisations. En France et de nos jours, dans une classe de CM2, entre 2 ou 3 enfants sur 30 sont victimes d'inceste.

Un évènement traumatique a un début et une fin à un moment donné, il s'achève. Mais pour les personnes traumatisées, un flashback peut survenir à tout moment, qu'ils dorment où qu'ils veillent. Combattre en permanence des dangers invisibles est fatigant, et ils peuvent mener à la dépression. Si des souvenirs fragmentés du traumatisme reviennent à maintes reprises, leur cortège d'hormones du stress les grave encore plus profondément dans l'esprit de la personne. On a du mal à se concentrer sur ses tâches, les relations avec les autres sont impactées, ce qui enferme encore davantage les personnes traumatisées dans le passé.

À la suite d'un choc émotionnel important et non traité, la personne s'isole, se ferme, se bloque, évite toute situation à risque et se cantonne à des espaces et des gens considérés comme sécurisants. Ou au contraire, le corps de la personne recherche comme une drogue cette montée d'adrénaline pour retrouver cette dissociation, ce qui peut induire des abus de substances aidant à se détacher de la réalité ou la recherche d'individu rappelant cette dissociation (conduites dissociatives).

Elle peut également s'automutiler, adopter des comportements à risque, pour une organisation ou pour elle-même, ne plus faire attention à son corps ou à sa sécurité.

L'INTERCULTUREL

Dans un monde qui évolue en permanence, la prise en compte du facteur interculturel et des comportements associés est une nécessité pour tisser des relations solides et durables, l'émotion est universelle et elle ressentie de la même manière dans le monde, cependant elle peut être exprimée de différentes façons en fonction des pays. Nous pouvons dissocier toutefois cet aspect culturel en deux entités, la compétence interculturelle et la connaissance interculturelle.

Les compétences interculturelles font appel aux émotions et sentiments qui vont générer des attitudes d'ouverture, d'accueil et d'écoute pour interagir avec d'autres cultures. Elles s'appuient sur le développement de la connaissance de soi, de sa propre identité culturelle et de la prise de conscience de ses racines. La généalogie, l'épigénétique et la psycho-généalogie sont des vecteurs intéressants à exploiter pour connaitre ses vraies racines.

Ainsi, ce sont des compétences affectives et sociales qui permettent de se sentir à l'aise avec des gens ayant des identités culturelles différentes et de mettre à l'aise les personnes d'autres cultures. Les relations se construisent dans les rencontres et interactions avec d'autres personnes et populations, elles sont d'autant plus enrichissantes qu'elles mettent en relief notre propre culture.

Les connaissances interculturelles se composent de savoirs sur différentes cultures, tels que les lieux de vie, les traditions culinaires et vestimentaires, nécrologiques, des notions sur d'autres langues, des aspects religieux, et des musiques, du cinéma, de la littérature, du théâtre..., c'est-à-dire des savoirs sur des choses tangibles. Connaitre les sujets qui fâchent et ceux qui font plaisir, les modes d'expression des émotions, les modes de pensée, et les systèmes de valeurs ont un véritable impact sur les relations et sur la façon dont vont réagir les individus.

Intéressons-nous par exemple à nos voisins suisses, sans rentrer dans le détail, voici quelques notions à prendre en compte afin de mieux comprendre certains fonctionnements dans le cadre professionnel, ils peuvent varier en fonction de la localisation des individus (limitrophe à la France, Allemagne ou Italie).

- Ils s'en tiennent au plan, les procédures et travaux doivent être suivis ;
- Lentement mais surement : Ils ont besoin de recevoir des informations complètes et des détails pour

comprendre, il est impossible de répondre avec précision si vous ne leur laissez pas le temps ;

- Loi et ordre : Ils ne remettent pas en question une demande urgente de la hiérarchie ;
- Il est préférable de donner votre avis directement au moment de la réunion, plutôt que d'envoyer un e-mail « indirect » sur les prochains jours ;
- Un patron suisse connait la description de poste de chacun de ses collaborateurs, il est en mesure de donner des instructions claires ou de demander à la personne la plus qualifiée d'effectuer la tâche ;
- Ils veulent toutes choses « correctement », ce qui prend du temps. Le processus est aussi important que ce qui est produit ;
- Ils peuvent parfois considérer les Français de manière condescendante ;

Le biculturalisme :

Avoir vécu entre deux cultures est véritablement une chance, cela permet d'aimer et de comparer deux cultures en ouvrant le champ de la compréhension. Les personnes ayant vécu cette bi-culturalité dès l'enfance ont la faculté naturelle de s'ouvrir à différentes représentations du monde, de ne pas rester prisonniers d'une seule représentation.

LES FEMMES DANS LA CYBERSÉCURITÉ

Si l'hexagone ne peut rivaliser sur ce thème ni avec la Norvège ni avec la Suède, l'évolution des deux décennies passées nous permet de mesurer les avancées incontestables réalisées depuis le siècle dernier. Il faut tout de même rappeler que la patrie des droits de l'Homme comptait en 1997 à peine 10% de femmes députées à l'Assemblée nationale et 6% au Sénat. Or le passage à l'an 2000 vit naitre une législation sur la parité sans cesse élargie depuis lors, et assortie d'un principe d'alternance sur les listes électorales. Dans le cadre de la cybersécurité, force est de constater que la présence féminine est encore largement sous-représentée. Des associations œuvrent au quotidien afin d'augmenter le pourcentage des femmes dans le monde de la cybersécurité, ce qui a pour effet d'augmenter l'intelligence collective et l'efficience de nos organisations mentionnée par Émile Servan-Schreiber (réf bibliographique : « Supercollectif »). On ne peut pas dire que l'âge émotionnel ou la technicité des femmes soient plus importants que celui des hommes, et l'inverse se vérifie également ; en revanche, on constate que les femmes sont plus ouvertes au monde des émotions et du ressenti, leur présence est donc capitale pour renforcer la protection des systèmes d'information et le développement de l'intelligence artificielle. Les hommes habitués à manipuler les outils et à conserver une certaine forme de pouvoir appelé « patriarcat » se voient aujourd'hui contraints à se remettre en cause sur de nombreux sujets liés à l'équité homme / femme. Cette forme de dévirilisation est difficile parce que le patriarcat est encré depuis de nombreuses générations, ce n'est que par des remises en question conjuguées que l'équité pourra renaitre autrement que par l'obligation d'avoir des quotas.

L'INTELLIGENCE COLLECTIVE

L'intelligence collective dépend en grande partie des individus constituant le groupe et plus particulièrement de la sensibilité sociale, à savoir la capacité de chacun à déchiffrer l'état d'esprit des autres en captant les signaux non verbaux. Cette fluidité dans la communauté est un atout majeur. De nombreux tests comme « reading the mind in the eyes" montrent que les femmes sont plus sensibles à la reconnaissance des émotions chez les autres. Cette sensibilité sociale a pour effet de fluidifier les interactions humaines et numériques (courriels, messagerie instantanée...) Le temps de parole est également un facteur influant l'intelligence collective, les hommes ont souvent tendance à rivaliser pour prendre la parole au lieu d'écouter, ce mécanisme vise à se préoccuper de l'affirmation d'un statut et d'un pouvoir, cela réduit considérablement le potentiel d'intelligence collective.

IMPORTANT :

Le Quotient intellectuel collectif n'est pas la somme des quotients intellectuels individuels, il est le résultat de la maturité émotionnelle du groupe, en reflétant sa capacité d'écoute, son empathie, et le respect de la contribution de chacun des individus. Une intelligence collective pauvre au sein d'une organisation représente une vulnérabilité majeure et facilement exploitable par les attaquants.

LA PSYCHOGÉNÉALOGIE

Aucune famille n'est parfaite et l'homme est imparfait. Chacune a ses drames, ses secrets et ses zones d'ombres. Les traumatismes se transmettent inconsciemment de parents à enfants, et sur plusieurs générations, elles provoquent des répétitions littérales. Mettre en lumière ces zones d'ombre au lieu de les subir est l'objet de la psychogénéalogie. L'objectif est de dire « tout cela fait partie de moi, mais ce n'est pas moi ». Ce travail est loin d'être une promenade de santé, il permet de se connaitre et de choisir son propre chemin de manière consciente, sans être piloté inconsciemment par la « loyauté familiale ». Faire comme vos parents ou faire l'inverse de ce qu'ils font, réponds à cette loyauté. Les secrets de famille sont de plusieurs sortes, ils sont généralement cachés derrière la honte ou la culpabilité. Nous trainons des valises qui ne nous appartiennent pas, et le poids de ces valises influe sur votre capacité à nous mettre en relation et à être en pleine conscience, ce qui est différent de la pleine présence. De nombreuses techniques permettent de réparer son arbre, construire son génosociogramme permet de reconstituer la chaine des causes et des effets. Les secrets évoluant au fil des années, c'est un travail de fourmi qui peut remuer des montagnes.

LES TRANSMISSIONS

Toutes les familles recèlent au moins un cadavre dans le placard parce que, à un moment ou à un autre, un évènement traumatisant a eu lieu. Parfois, ces faits sont tellement inacceptables que les parents ne parviennent pas à les comprendre et à les dire. Or, ce qu'on ignore dans une famille est aussi important que ce que l'on sait. Ce qu'on n'arrive pas à transmettre en mots se transforme en maux. À la première génération, c'est un non-dit. À la deuxième, un secret de famille. À la troisième, cela devient un impensé généalogique : on ne peut même pas penser aux évènements, mais ils existent dans notre inconscient. Si pour un sujet abordé, le parent arrête subitement de parler, détourne le regard ou fronce le sourcil, l'enfant va comprendre qu'il existe une zone terrible d'évitement, même s'il ne sait pas ce qui s'est passé. À ce moment précis, il associera l'émotion ressentie par son parent ou la sienne à la croyance générée.

Il reste donc une tâche inachevée et nous ressassons notre passé par loyauté familiale. De nombreuses personnes reproduisent inconsciemment les comportements de leurs ascendants, ou le contraire, sans comprendre pourquoi. Réussir à faire ses propres choix est difficile tant que l'on n'a pas compris et ressenti ces mécanismes de transmission, cela est parfois constaté via les syndromes d'anniversaire, mais il existe d'autres types de conséquences. Un attaquant très bien renseigné par les traces laissées sur les réseaux sociaux est capable de détecter ce type de transmission et de lancer une attaque élaborée au bon instant, et tout ne se déroule pas forcément un vendredi soir avant de partir en Weekend.

LA RELATION ET LE CONFLIT

La réalité intérieure est un facteur déterminant dans la gestion des conflits, des crises et de la résilience, tant que nous n'avons pas une vision de la réalité de l'autre, de ses images et de ce qu'il veut, il est difficile de satisfaire les deux parties, et le conflit n'est souvent pas géré.

Définition du réel : Le réel est ce qui existe en soi, indépendamment du sujet, c'est-à-dire indépendamment de sa perception ou de ses pensées.

Définition de la réalité : La réalité est ce qu'un individu perçoit et comprend du réel.

Un conflit est un état d'opposition entre personnes ou entités, le désaccord ne signifie pas le désamour, et le refus ne signifie pas non plus le rejet. Il est souvent chargé d'émotions comme la colère, la frustration, la peur, la tristesse, la rancune, le dégout, la jalousie, l'angoisse. Parfois, il peut être manifesté par de l'agressivité, de la violence ou de la fuite. Le conflit est un état naturel et sa gestion est encore très peu enseignée dans les familles ou dans les écoles, lorsque nous sortons dans la rue et qu'il pleut, nous sommes en conflit avec la pluie, c'est un état naturel (sauf pour les Bretons et les Normands ☺).

Gérer un conflit permet de trouver un accord permettant de satisfaire les deux parties en « gagnant /gagnant », qu'ils soient convaincus et moteurs de leurs propres actions, à la différence du compromis, d'une injonction ou d'un conditionnement. Il suppose donc que les deux parties sachent ce qu'elles veulent pour elles, que les besoins et les désirs soient exprimés de manière claire, compréhensible et sans jugement. La gestion de conflit fait avant tout appel à une capacité de se mettre en relation avec la personne qui est la source du conflit, être dans l'initiative alternée et questionner l'individu afin de visualiser quelle est sa réalité intérieure, l'écouter, le comprendre sans le juger, mesurer les conséquences d'un acte avant de se positionner avec bienveillance.

Le processus d'interprétation est le suivant : ce que la personne entend passe majoritairement par son système de croyances (lunettes, prisme), puis par son moteur de choix (vision du monde positif ou négatif). Ce que la personne exprime passe par le même chemin. Un système de croyances qui a été travaillé pour favoriser la relation et un moteur de choix dit »positif » fluidifiera la relation et favorisera l'écoute la gestion du conflit. **Ne pas oublier que vous n'êtes pas directement en relation avec la personne, mais que vous êtes en relation avec l'image que vous vous faites de la personne.**

Se mettre en relation c'est également prendre position, s'impliquer, se dévoiler, et prendre parfois le risque de sortir du groupe, voire d'être éliminé. La relation n'est pas de l'information (à sens unique) ou de la communication (envoi et confirmation dont le message a bien été reçu), elle est indépendante (les personnes manifestent des sentiments qui leur sont propres, ils sont uniques de par leurs vécus), bilatérale et axée sur la prise d'initiative alternée. Le ressenti et l'expression des émotions sont donc capitaux, la relation et le conflit peuvent parfois être difficiles à supporter quand les individus n'ont pas travaillé leur maturité. Dans la relation, chacune des personnes est 100 % responsable de la relation qu'il a avec l'autre, il a son propre niveau de responsabilité dans ce qu'il lui arrive. Le conflit est donc inscrit dans une véritable capacité à gérer ses peurs avant qu'elles ne deviennent des colères (souvent exprimées vers l'autre alors que l'on est en colère après nous-mêmes).

Cette friction que nomme Guy Corneau est une véritable opportunité de se connaitre à travers un autre prisme que le sien, la relation entre les individus est donc importante, elle fait émerger des points de vue différents et leur compréhension, elle permet de se connaitre, elle prend la forme d'initiatives alternées et fréquentes, elle permet de créer un cadre propice à l'émergence de la confiance, de mesurer ce que l'autre dit. Souvent, pour éviter cette douleur, ce déplaisir, le réflexe est d'éviter l'initiative relationnelle, de ne plus être en relation, de rester dans la communication, voire l'ignorance ou la fuite. Afin d'exprimer ses besoins, nous n'évoquerons pas les concepts de la pyramide de Maslow, cependant les erreurs constamment commises pour gérer un conflit sont de proposer une action technique ou organisationnelle à un problème humain, de projeter sur l'autre ses propres désirs ou transférer ses propres névroses. La gestion de conflit est une source de connaissances infinie pour soi et pour l'autre, cette zone d'inconfort permet parfois de faire émerger des croyances limitantes non connues, c'est donc une opportunité de grandir.

Dans la gestion de conflit, les mots utilisés sont importants, ils activent des croyances, des rôles, des profils, il est parfois utile de générer un silence pour que le système émotionnel se calme, provoquer un mouvement systémique pour faire évoluer une situation, ressentir, s'exprimer verbalement sans jugement. Dans le cadre des cinq étapes de la maturité émotionnelle, le processus suivant permet de conserver un lien émotionnel et favorable pendant l'échange ; sans ce lien, il est difficile de rester en relation de manière fluide avec son interlocuteur, ce processus est itératif.

- La première question à se poser : Qu'est-ce que je veux réellement ?
- Je ressens mon émotion, je la reconnais, je peux même la verbaliser auprès de mon interlocuteur (je me sens...j'ai l'impression que....)
- Je canalise mon émotion suivant ce que je veux pour moi (cela sous-entend d'être clair avec ce que l'on veut vraiment pour soi)
- Fort d'avoir reconnu mes émotions, je suis étalonné et je peux reconnaitre les émotions chez mon interlocuteur, c'est l'empathie (différent de la sympathie ou du sauveur qui sauve pour être aimé sans ressentir l'émotion chez l'autre).
- Générer l'émotion permettant de garder un lien émotionnel favorable avec l'autre personne et dans le cadre du développement d'une relation vraie, faire correspondre nos réalités intérieures, faire émerger ce que l'autre veut pour lui et établir une sorte de plan d'action mettant naturellement les deux parties en mouvement, avec de l'envie.

Les principes liés à la communication non violente permettent de mieux gérer les conflits par l'expression de ses propres besoins et de ses émotions, mais n'oubliez pas que la politesse de forme est souvent omniprésente dans nos organisations, et que la politesse de fond exprimée avec bienveillance est encore très rare.

Nous sommes des êtres en relation, et notre « Moi » se construit au fur et à mesure que j'établis des relations avec les autres.

L'impact sur les organisations

Une organisation est un groupe d'individus en relation, une relation entre deux personnes est indépendante (sentiments et émotions uniques pour chacun des individus, constituées d'un message), bilatérale (dans les deux sens) et avec des prises d'initiative alternée ; cela n'a rien à voir avec l'information ou la communication. L'absence de relation peut donc conduire à une organisation dite silencieuse, où personne ne manifeste ses émotions et ne se connait vraiment. Cet état de fait se rencontre de plus en plus et le mal-être ressenti par les employés engendre des peurs, de la « radio-moquette », du désengagement, une représentation conceptuelle du travail, pas de prise de position (les gens se protègent), du burn-out et un turnover important. La vie est un état organisé et homéostatique de la matière, nous pouvons comparer une organisation à une cellule vivante, et nos systèmes d'information en sont souvent inspirés.

Ce schéma lié à la vie d'une cellule montre les différences fondamentales entre le désir et la peur, entre l'important et l'urgent. Elle est transposable à une organisation.

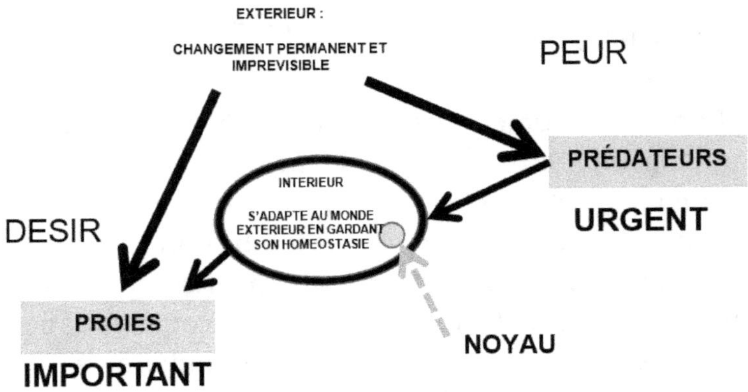

Peur et Désir :

2 émotions de base indispensables à la survie de tout organisme vivant

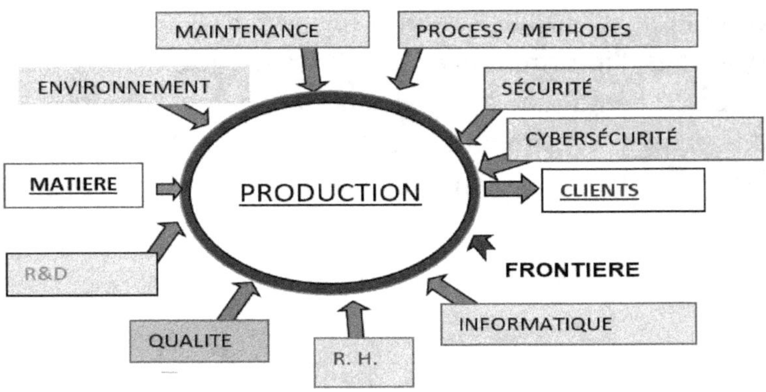

Ce modèle biologique est intéressant à prendre en compte au niveau des organisations et la construction d'un système de management de la sécurité de l'information (SMSI). Il dépend des flux d'écoute entre les différents services, des relations entre les personnes. Les principes de bases pour que cette organisation soit vivante sont :

- La définition d'une frontière séparant l'intérieur d'un système de l'extérieur est importante, d'où la nécessité d'avoir une vision unique et partagée (périmètre) ;
- Être basé sur un modèle client /fournisseur ;
- La réception par contradiction pour filtrer ce qui entre et sort du système : cela suppose un contrat, la nécessité de mesurer le respect de l'exigence définie et de la confronter à l'autre. Cette confrontation permet de faire évoluer les contrats dans un principe d'amélioration continue ;
- La séparation à l'intérieur du système des fonctions traitant l'urgent (les prédateurs) de l'important (les proies) ;
- Écouter et se faire écouter (convaincre) des fournisseurs internes pour un redressement qui commence par l'aval (du client payeur) vers les fonctions amont ;
- Manager par le « désir » fédérateur ;
- Réorienter la motivation des personnes sur leurs responsabilités.

STRUCTURATION ENTRE CLIENTS / FOURNISSEUR

La relation client/ fournisseur est intimement liée au secteur d'activité. Par exemple, pour l'industrie il est question de qualité, de cout, de délai et de sécurité. On positionne généralement ces quatre critères par ordre de priorité, dans notre exemple la qualité des produits fabriqués est prépondérante par rapport au cout, le délai et la sécurité ; ce qui ne signifie pas que les trois autres critères ne sont pas importants. La raison d'être d'une société n'est pas de gagner de l'argent, mais de satisfaire son client ou ses clients, en mesurant ce niveau de satisfaction. Dans ce cadre, l'approche processus « métier » est importante à prendre en compte dans la cybersécurité, et particulièrement dans les appréciations de risques, les audits et les sensibilisations. On peut retrouver différents clients et différents fournisseurs dans une ligne de production ou de traitement. Les intervenants en cybersécurité sont donc au service des fonctions métiers, ils doivent être de bons conseils et accompagner les fonctions métiers dans la mise en place des éléments dédiés à la protection, la détection et la réaction, ceci s'inscrit dans un numérique de confiance. Cette confiance génère un "business" et elle est souvent binaire. La confiance est présente ou ne l'est pas. La structuration de la relation client/fournisseur passe par la définition de fonctions (taches), en répondant essentiellement à cinq questions :

- À qui ça sert ? Qui sont mes clients ?
- À quoi ça sert ? Qu'est-ce que je fournis ? Par exemple, un produit « P », en sécurité selon la procédure/norme « X », conforme aux

normes/gammes/modes opératoires Qualité « Q » ;

- De quoi ai-je besoin ? Comment dois-je diffuse mon exigence vis-à-vis de mes fournisseurs ?
- Comment dois-je m'organiser ? Quelle est l'efficience de ma production de valeur ajoutée ?
- Comment puis-je mesurer que je tiens bien la fonction ?
    - Que je reçois un bon produit de mon fournisseur ;
    - Que je fournis un bon produit à mon client ;
    - Que je sais demander et obtenir de l'aide quand j'en ai besoin ;

L'appropriation de la cybersécurité, à savoir le "DICT" (Disponibilité, Intégrité, confidentialité et traçabilité) devrait s'inscrire dans cette démarche liée à l'approche processus et la relation client/fournisseur.

LE CHANGEMENT DE MANAGEMENT

Le changement n'est jamais douloureux, seule la résistance l'est. Les trois prochains chapitres donnent quelques clés de réflexion pour les managers.

D'importants mouvements d'émancipation et de l'exigence de l'égalité des droits ont eu lieu durant le dernier siècle :

- Des travailleurs vis-à-vis des dirigeants ;
- Des épouses vis-à-vis des maris (durant les deux conflits mondiaux) ;
- Des enfants et jeunes adultes vis-à-vis des parents et des enseignants ;
- Des minorités vis-à-vis des majorités ;

La population, globalement immature et soumise au début du 20e siècle, est beaucoup plus mature aujourd'hui.

Avant la mondialisation, les flux étaient cloisonnés (flux de produits, flux d'hommes, flux d'information...) :

- Un cloisonnement Est / Ouest (d'un côté le libre marché, de l'autre les marchés contrôlés) ;
- Cloisonnement Nord / Sud (d'un côté les pays industrialisés, de l'autre les pays sous-développés) ;

La chute du mur de Berlin au début des années 90 a entre autres, libéré les flux et accéléré le changement. Aujourd'hui, l'ouverture des pays et des marchés accroit la compétition entre les pays et les entreprises et accélère la demande d'innovation. À qualité et quantité équivalentes, les consommateurs achètent au meilleur prix. Sans stratégie de différenciation, soit sur les produits, soit sur les services, basée sur une écoute fine de chacun de ses clients, et sur une structuration robuste de la production et des services, les entreprises sont soumises à une pression sur les prix. Certaines ont choisi de délocaliser leur production dans les pays comme la Chine, l'Inde, l'Afrique du Nord, l'Europe de l'Est. L'autre facteur prédominant au changement est l'informatique. Elle permet une démocratisation de l'information qui n'est plus le privilège des grosses entreprises ou des élites, elle dégage du temps pour que les gens puissent réfléchir sur les sujets qui les intéressent, elle facilite la collecte, la diffusion, le traitement d'informations internes à l'entreprise provenant de chaque producteur (vendeurs, producteurs...), l'internet permet un accès rapide et aisé à des informations provenant de l'extérieur (marchés, concurrents, politique, environnement...). On assiste en ce moment à une véritable révolution, une véritable décentralisation du pouvoir générant de nouvelles peurs et octroyant à l'information une valeur de plus en plus importante.

LE TAYLORISME ET LE MONDE DE L'INGÉNIERIE HUMAINE

Les images du travail à la chaine étalées sur grand écran dans « Les Temps modernes » de Charlie Chaplin sont connues de tous. Dans le monde TAYLORIEN, le pouvoir et la compétence orchestrent le fonctionnement de la production. Cela a donné naissance à des comportements, des conséquences et des notions encore largement présentes aujourd'hui.

- L'obéissance et la dépendance ;
- Une approche basée sur les descriptions de fonctions (tâches) ;
- L'irresponsabilité, la culpabilité ;
- L'assistance, politesse de forme (paie sociale) ;
- L'autoritarisme et le laxisme ;
- L'information et la communication sans relation ;
- L'indépendance sans l'autonomie ;
- Les relations conflictuelles ;
- Les supérieurs hiérarchiques (S.H.) ;
- L'imposition ou la complicité (avec son chef) ;
- Les œillères ;
- Les règles dirigent et les « sachants » savent ;
- Les priorités sont définies par le supérieur hiérarchique ;

Dans le monde de l'ingénierie humaine, l'autorité (capacité à gérer les conflits, à gérer la relation avec le pouvoir pour obtenir), c'est la relation client-fournisseur qui orchestre le bon fonctionnement de la production, appuyée sur le pouvoir et la compétence. Cela donne naissance à de nouveaux comportements, de nouvelles notions.

- Relation client – fournisseur, basé sur les définitions de fonctions (périmètre de responsabilité) ;
- Responsabilité ;
- Aide, prise d'initiative (politesse de fond) ;
- Autorité (se mettre en relation avec les gens qui ont du pouvoir pour traiter les conflits) ;
- Dialogue et mise en relation ;
- Autonomie ;
- Exigence, rigueur, positionnement ;
- Responsables hiérarchiques (R.H.) ;
- Traitement des conflits et des crises ;
- Transparence (pour mettre en place des actions en fonction de la réalité) ;
- Les managers dirigent (les règles sont des référentiels) ;

LE TERRITOIRE ET LES FRONTIÈRES

Du latin « terra », terre, sol, un territoire est une étendue de terre occupée par un groupe humain ou qui dépend d'une autorité (État, province, ville, juridiction, collectivité territoriale...) comme le territoire national. La notion de territoire prend en compte l'espace géographique ainsi que les réalités politiques, économiques, sociales et culturelles. Elle inclut l'existence de frontières, pour un territoire politique ou administratif, ou de limites pour un territoire naturel. La notion de territoire est utilisée en géographie humaine, en politique et en sociologie. En zoologie, le territoire d'un animal est la zone qu'il occupe et qu'il n'aime pas partager avec ses congénères afin d'éviter la concurrence. Il en interdit l'accès à ses rivaux potentiels, c'est l'espace nécessaire pour se nourrir et se reproduire.

Sans relation client / fournisseur, le chevauchement de territoire conduit au déséquilibre de la structure pénétrée.

- Car il n'y a pas de frontière ;
- Car il n'y a pas de manager gardien de celle-ci ;

La relation client / fournisseur ne peut être activée que par le manager en charge du secteur qui va arbitrer les conflits territoriaux, cette prise en compte est considérable dans le cadre de la cybersécurité, la protection d'un périmètre ou la propriété d'un actif (primordiaux ou en support) dépend de cette relation client / fournisseur, de cette frontière clairement définie avec un vrai manager.

LE MANAGER EN CYBERSÉCURITÉ DU 21e SIÈCLE

Nous l'avons vu précédemment, de nombreux changements ont eu lieu durant la fin du 20e siècle, les attaques récurrentes de nos systèmes d'information ne font que s'amplifier et se sophistiquer. Ne plus avoir accès à ses données engendre des conséquences importantes pour le fonctionnement d'une organisation et des pertes financières colossales. La partie difficilement chiffrable est l'impact émotionnel que peut avoir une attaque. L'organisation doit donc se préparer techniquement et humainement à gérer une crise.

Afin de mieux appréhender quels sont les leviers managériaux, comprendre ce qui s'est déroulé durant ces dernières années permet de prendre du recul, sur ce qu'est l'engagement et ce qui anime aujourd'hui les personnes dans les entreprises. Le management opérationnel du 20e siècle et du 21e siècle peut se résumer par l'illustration des deux pyramides suivantes. Elles mettent en relief les différentes étapes de développement liées à la maturité émotionnelle. L'enfant, l'adolescent et l'adulte.

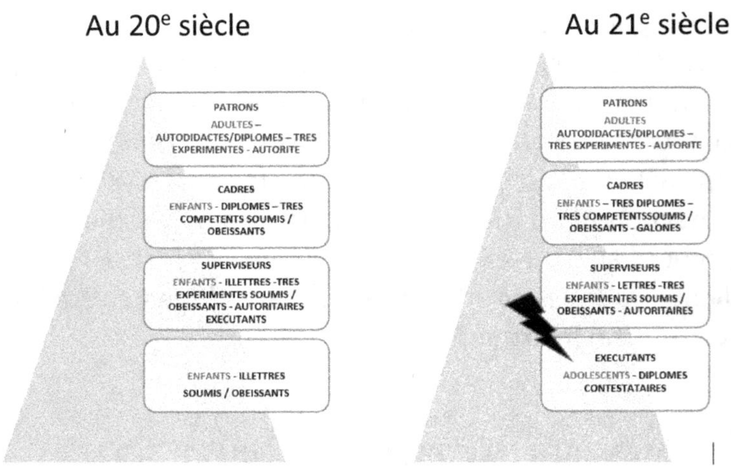

L'évolution en termes de <u>maturité émotionnelle</u> déséquilibre l'organisation fondée sur la soumission ou l'obéissance "aveugle", la maturité des exécutants n'est plus celle d'un enfant, mais plutôt celle d'un adolescent voire d'un adulte, ils ont pour la majorité accès à l'information, ils sont diplômés et deviennent contestataires. Pour imager cette notion, imaginez vos parents partir un soir se divertir au théâtre. Vous avez 15 ans, ils demandent à votre petite sœur de 4 ans de vous surveiller. Ces principes opérationnels de maturité émotionnelle étant très peu développés de nos jours, on a donc vu naitre une augmentation des services support et des "chefs" pour maintenir le contrôle sur les exécutants, donc la croissance des surfaces d'attaque et une multiplication d' informations gérées dans l'urgence. Afin que les personnes s'approprient ces principes opérationnels et évoluent vers la cybersécurité, il est préférable de passer à une organisation fondée sur la recherche de l'adhésion et la conviction (ce qui permettra au manager de remettre en cause sa décision) que par l'autoritarisme. **La notion d'écoute et de « réalité terrain » (à l'inverse des concepts couramment rencontrés)** apparait donc comme des vecteurs fondamentaux à la prise en compte de cette évolution, elle devra toutefois être assise sur les trois niveaux relatifs aux besoins essentiels d'un humain.

1. Le besoin de sécurité, l'énergie entrante et équivalente à l'énergie sortante. D'un point de vue financier, ne demandez pas à l'un de vos collaborateurs de faire des heures supplémentaires si celui-ci est obligé d'avoir un autre emploi parce qu'il n'est pas assez rémunéré. Le collaborateur a besoin d'être en sécurité ;
2. Le deuxième niveau est celui concernant l'appartenance à un groupe, ou il se sent le mieux ou ses valeurs sont proches des siennes (famille, association, club, groupe de travail...) ;
3. Le troisième est appelé « droit à la beauté », c'est le droit à l'unicité, à une spécificité qui lui permet de se différencier des autres, d'être reconnu.

Lors des écoutes « terrain », il est important de comprendre qu'une relation est avant tout composée de deux vecteurs indépendants, bi-directionnels et dans la prise d'initiatives alternées, de A vers B et de B vers A. Ces deux vecteurs sont souvent constitués d'écrits, de paroles, de gestes, et d'émotions, ils sont liés à la prise d'initiative alternée.

Il suffit qu'une seule personne se remette en question et travaille sur ses freins émotionnels (croyances) pour que l'ensemble de la plupart de ses relations soient améliorées. Changer soi-même est nettement plus rentable qu'attendre que toutes les personnes de votre entourage changent.

Lorsque vous êtes en relation avec vos collègues, il existe certaines phases de perturbation importante qui peuvent influer sur les comportements ; par exemple, la perte d'un être cher. Il pourrait être utile de comprendre quelles sont les différentes phases de deuil (cf. ouvrages de Elizabeth Kubbler-Ross ou de Christophe Fauré), d'autant que dans les organisations, certaines personnes peuvent être dans leur processus de deuil, ce qui influe forcément sur les relations et perturbe l'écoute.

Explorer les différentes phases des niveaux vibratoires tout en restant pragmatique pourrait être un « plus », ce que David Hawkins met en évidence avec l'échelle de conscience de l'humanité.

La seule chose que l'on est sûr de ne pas réussir est celle que l'on ne tente pas. Paul Émile Victor.

Profils comportementaux

EXEMPLES DE PROFILS COMPORTEMENTAUX

Les tableaux suivants sont de F.Lelord et C.André (cf. biographie).
Il est bon de préciser que ces tableaux sont des indications décrivant des profils, mais ils ne permettent pas de se comprendre, de se connaitre dans le ressenti et de développer sa maturité émotionnelle, ils sont portés à votre connaissance parce qu'ils peuvent être utilisés pour vous manipuler, se « profiler » est une véritable démarche profonde associée à un processus d'individuation et d'étalonnage psychologique et physiologique, prenez donc garde à ne pas tomber dans la facilité en positionnant les humains dans des cases. Dans le cadre de l'IE (intelligence émotionnelle), les émotions restent un axe important, il y en a d'autres, comme la reconnaissance des images maternelles et paternelles, ainsi certaines croyances personnelles et sociales. D'ailleurs, la personne qui a appris à se « profiler » en les ressentant est capable de déterminer d'où elle vient et qui elle est (comportements et émotions des parents ainsi que de la fratrie). En ayant métabolisé ses ressentis (ressenti conscient et positivé), elle est en mesure d'accompagner d'autres personnes dans le cadre de leur développement personnel, elle est capable de se surveiller émotionnellement et grandir.

Cette personne est consciente de l'influence des émotions sur son comportement, elle est un véritable acteur d'un pare-feu humain.

Personnalité	Croyances	Règles personnelles
Évitante	Je n'ai pas d'intérêt, si les autres voient qui je suis, ils me rejetteront	Je ne dois pas me révéler, je dois me tenir à l'écart sinon je ne serais pas à la hauteur.
Passive agressive	Je mérite mieux que ce que j'ai. Les gens ne valent pas mieux que moi, mais cherchent toujours à dominer. Ils peuvent être agressifs si on les contredit trop ouvertement.	Je n'ai pas à me laisser faire, je sais ce qui convient. Lorsque l'on n'est pas d'accord, il faut résister indirectement.
Anxieuse	Le monde est plein de danger, si on n'est pas vigilant, on court de gros risques	Je dois toujours anticiper les problèmes et prévoir le pire
Paranoïaque	Je suis vulnérable, les autres peuvent être contre moi et me cacher des choses.	Je dois toujours me méfier, et aller au-delà de ce qui est dit, ou montré par les autres.

Personnalité	Croyances	Règles personnelles
Histrionique	On ne s'intéresse pas à moi spontanément. Séduire, c'est prouver sa valeur.	Pour faire ma place, je dois attirer l'attention, je dois éblouir et charmer complètement les autres.
Obsessionnelle	Il faut que les choses soient parfaitement faites, l'improvisation et la spontanéité ne conduisent à rien de bon.	Je dois tout contrôler, tout doit être fait dans les règles.
Narcissique	Je suis exceptionnel(le), les autres passent après moi.	Tout m'est dû, il faut que l'on sache que je suis remarquable.
Schizoide	Je ne suis pas comme les autres, La vie sociale est source de complications	Je dois rester isolé(e), ne pas m'engager dans des relations intimes.

Personnalité	Croyances	Règles personnelles
Type A	Seule la première place compte, les gens doivent être fiables et compétents	Je dois aller le plus vite possible dans l'exécution des tâches. Je dois relever tous les défis.
Dépressive	Nous sommes dans ce monde pour souffrir. Je n'ai pas droit à trop de plaisir.	On se réjouit toujours trop tôt, je dois travailler dur pour être à la hauteur.

EXEMPLES DE SITUATIONS GÂCHETTES

Personnalité	Situations gâchettes	Réactions stéréotypées
Anxieuse	Absence de repères ou d'informations rassurants. Inconnu, incertitudes. Par exemple, ne pas avoir de nouvelles d'un proche qui est en voyage.	S'inquiéter, rechercher le maximum d'informations . Prendre le maximum de précautions en prévention.
Paranoïaque	Situations floues, contradictions. Par exemple, savoir que les autres ont parlé de nous en notre absence.	Faire des interprétations abusives, soupçonner, se noyer dans les détails, accuser, soupçonner et se fâcher définitivement
Histrionique	Personnes attirantes ou inconnues, situation de groupes. Par exemple, être présenté à une personne de sexe opposé.	Chercher à séduire et à obtenir de l'intérêt de la part de l'interlocuteur.

Personnalité	Situations gâchettes	Réactions stéréotypes
Obsessionnelle	Tâche à accomplir rapidement. Nouveauté, imprévisibilité, perte de contrôle sur les évènements. Par exemple, devoir faire les choses vite et imparfaitement par manque de temps.	Vérifier, revérifier, planifier. Douter, ruminer.
Narcissique	Ne pas être le premier. Ne pas recevoir les égards estimés nécessaires.	Rappeler sèchement ses mérites. Monopoliser la parole pour parler de soi et de ses œuvres.
Schizoïde	Promiscuité, rapprochement forcé. Par exemple, partir en vacances au sein d'un groupe organisé	Se mettre à l'écart. Ne pas parler de soi. Ne pas manifester d'intérêt pour les autres.
Type A	Être en situation de compétition, être empêché d'agir. Par exemple, attendre indument dans une file d'attente.	S'énerver, hausser le ton. Chercher à contrôler la situation même agressivement.

Personnalité	Situations gâchettes	Réactions stéréotypes
Dépressive	Échec réel ou supposé, gratifications jugées imméritées ; par exemple, ne pas arriver à terminer un travail.	Travaille encore plus dur, s'interdire les plaisirs. S'accuser de ne pas être à la hauteur.
Dépendante	Décisions à prendre seule, taches importantes à accomplir, solitude. Par exemple, passer un weekend seul.	Essayer d'obtenir l'aide ou la présence des autres, tout leur concéder pour cela.
Passive agressive	Accepter une autorité ou une supériorité quelconque, obéir à des ordres. Par exemple, devoir accepter une décision avec laquelle on n'était pas d'accord.	Faire de la résistance, ergoter sur les détails. Insister sur les problèmes à venir, adopter une attitude négative. Bouder.

Personnalité	Situations gâchettes	Réactions stéréotypes
Evitante	Se dévoiler, être confronté aux jugements des autres. Par exemple, devoir parler de soi à des personnes importantes pour nous.	Éviter la confrontation, adopter une attitude distante ou inhibée en situation sociale. Prendre la fuite.

LES CINQ BLESSURES DE L'ÂME ET LES MASQUES

Les masques se mettent en place dès lors qu'une blessure s'active.

Blessure	Masque
Rejet	Fuyant
Abandon	Dépendant
Humiliation	Masochiste
Trahison	Contrôlant
Injustice	Rigide

LE SYNDROME DE L'IMPOSTEUR

Paul a 45 ans, durant son enfance l'impact de l'image paternelle a été très faible, il n'a pas appris à gérer les conflits, sa capacité à reconnaitre et à vivre ses vrais besoins et désirs est quasiment nulle et son estime de soi est très faible, il est uniquement dans des relations superficielles pour rester tranquille. Il ne se sent pas à l'aise dans un groupe et personne ne reconnait sa spécificité, il n'est pas incarné.

Sa mère avait sur lui un pouvoir important, battu, insulté et humilié pendant toute son enfance, Paul a longtemps nourri un sentiment de nullité, et lorsqu'il se rebellait sa mère le menaçait de prévenir son père. L'image du père exécuteur a été accentuée par le fait que son père ne le félicitait jamais, il était souvent dans l'autosatisfaction ou essayait d'expliquer à son fils ce que lui aurait fait à sa place, en expliquant en quoi il était le meilleur. Il était impossible pour Paul de nourrir une spécificité par manque de reconnaissance, ou de sincères encouragements de la part de ses propres parents.

Ce type de parcours est un exemple parmi d'autres, il développe entre autres le syndrome de l'imposteur, celui qui fait que l'on ne se sent pas légitime dans une spécialité au sein d'un groupe, que l'on donne des conseils aux autres sans être réellement sûr de soi. Dans le cadre de la cybersécurité, ce syndrome est utilisé pour l'hameçonnage commercial, pour nourrir des besoins de certifications et de diplômes afin de rassurer son client et de se rassurer soi-même. Lors de certains entretiens ou d'échanges, des experts (sachant) profitent inconsciemment de ce syndrome pour prendre l'ascendant dans la relation sans pouvoir détecter chez l'autre une opportunité.

D'autres facteurs peuvent développer le syndrome de l'imposteur comme celui de ne pas avoir été sincèrement félicité ou encouragé lors de vos réussites, ce qui a pour conséquence de réduire l'estime de soi. On peut également rencontrer l'amalgame généré pendant l'enfance entre l'amour et le rejet en ressentant un sentiment de nullité et de tristesse, cela peut être inscrit dans l'hippocampe via une claque prise ou une brimade sans explications par la personne qui est censée vous aimer le plus au monde ; ce qui peut conduire à croire que lorsqu'une personne vous apprécie ou vous aime, cela mène toujours à l'exclusion, dans la plupart des cas la personne nourrie de cette croyance va tout faire afin d'être exclue de manière à conforter sa croyance.

Les personnes ont souvent un masque cachant leur propre syndrome d'imposteur, ou un manque de confiance sur des sujets que vous maitrisez vous-même et qu'ils ne maitrisent pas. Il est donc conseillé d'être ouvert et curieux pour approfondir ses connaissances tout en étant dans un échange d'expériences avec votre interlocuteur. Un accompagnement en thérapie est d'une aide précieuse, elle permet de poser la bonne question, celle qui ne fait pas toujours plaisir, mais qui fait progresser, en toute bienveillance et sans complaisance (le syndrome du réverbère : Chercher dans la zone de confort, la zone déjà éclairée et sans risque de déplaire, cela est souvent généré par les freins émotionnels d'un psychologue ou coach, ou par une personne qui vous dira ce que vous voulez entendre, sans vous aider).

Accepter de grandir, c'est désobéir à ses parents, être capable de se positionner avec bienveillance face à eux, avec ses propres désirs, qu'ils soient déçus ou non. Cela implique de renoncer consciemment à leur protection et à leur autorité. Le frein principal à l'autonomie est la peur de ne plus être l'enfant de ses parents, de ne plus y être attaché.

DETECTION D'UNE FAILLE GRACE A L'EMOTION

Cécile travaille dans le service qualité d'un grand groupe industriel. Avec son équipe, elle qualifie les systèmes qui seront installés dans les usines. Toutes les semaines, une réunion de service se tient afin de faire état des avancements de projets. Après avoir écouté les autres chefs de projet, Cécile explique donc ce qu'elle a fait durant la semaine en mentionnant les points bloquants, puis elle développe ce qui est prévu de faire pour les semaines suivantes. Elle explique que certaines exigences liées à son projet sont soumises à la loi de programmation militaire, et qu'elles devront être traitées et catégorisées comme étant « très secret » ; les informations échangées concernent des vulnérabilités des systèmes d'information industriels, des exigences de gouvernance. Cécile ne sait pas qu'il est préférable de limiter le nombre d'informations transmises, et qu'elle est en mesure de changer de catégorie en utilisant des termes adaptés, ou en choisissant quels types de données elle peut générer et transmettre ; elle ne sait pas que celui qui génère l'information est responsable de sa classification.

Voilà ce qu'elle dit : « La prochaine réunion concernant ce sujet a lieu mardi prochain, ce projet progresse bien, mais les procédures observées sont contraignantes, elles sont lourdes ». L'ensemble des quinze personnes assistant à cette réunion ne répondent rien, ils sont plutôt préoccupés à sortir rapidement de la réunion ou à traiter les courriels, ils sont psychiquement absents. La réunion est sur le point de se terminer lorsque soudain Pierre prend la parole.

Pierre : « Cécile, qu'entends-tu par lourde ? »
En effet, le terme « lourde » ne renvoie à aucune image mentale précise et rien de concret, et Pierre a ressenti chez Cécile une angoisse perceptible qu'il connait bien chez lui, une inquiétude sourde et discrète.
Cécile : « Toutes les procédures dédiées à la sécurité de l'information sont lourdes à utiliser, et je doute fort que les données transmises par certains outils de gestion soient en mesure de chiffrer avec l'envoi par courriel, je pense au ticket (non-conformité à traiter)».
Pierre : « c'est-à-dire ? »
Cécile : « En fait, nous sommes censés utiliser une seule plateforme d'échange sécurisée pour transférer nos fichiers ou participer à des réunions avec des slides ou figure du code » (risque de capture d'écran avec une intention belliqueuse).
Pierre : « Et alors ? »
Cécile : « Les protocoles utilisés par chacun des fournisseurs ne sont pas les mêmes entre eux, et ils sont complexes, il faut donc envoyer les documents chiffrés avec des protocoles différents et certains outils ne le font pas, mais comme le protocole utilisé chez nous n'est pas compatible avec les autres protocoles, nous échangeons les données « très secret » en allégeant considérablement les protections, il faut bien avancer ! ».
Pierre : « Avec le conflit russe, les cyber-attaques s'intensifient, comment se fait-il que les protocoles de chiffrement ne soient pas compatibles entre eux ? Qu'est-il prévu ? Quel est le contenu de ces tickets ? Sont-ils exploitables pour faire tomber un système ?»
Cécile : « À vrai dire, je ne sais pas, je sais que les fournisseurs en question sont de grands groupes, et ils ne se sont pas mis d'accord en début de projet, je ne sais pas

ce qu'ils échangent entre eux, je ne pense pas qu'il y ait de ségrégation, je ne sais pas si les tickets envoyés détiennent des informations classées expliquant comment exploiter les vulnérabilités, et je ne sais pas qui génère l'information et la classifie, qui en est responsable pénalement ou règlementairement ».

Sur ce projet, aucun équipement technique n'est capable de détecter que certaines données sensibles circulent en « clair » depuis 6 mois et encore moins détecter les questions que Cécile n'ose pas poser ; cependant, en ayant reconnu une émotion et en posant la bonne question, Pierre a relevé plusieurs points qui sont passés sous les radars.

Que ces points soient écoutés et qu'ils soient traités et validés dans une annexe de sécurité spécifique est une autre histoire.

Vous êtes le maillon important !

Dans la grande majorité des cas, les personnes présentes dans une organisation ont été élevées dans un cadre d'obéissance, il est fort possible que ce fût également le cas pour vous ; ce cadre plus ou moins impactant suivant les familles, a généré des peurs et des angoisses pouvant être utilisées par un pirate. Si les croyances sont travaillées, elles deviennent un maillon renforcé de la chaine défensive. Nous allons maintenant décrire dans le chapitre suivant, les impacts majeurs de la soumission, de l'autoritarisme et du harcèlement.

DÉVELOPPEMENT DE LA MATURITÉ ET OBÉISSANCE

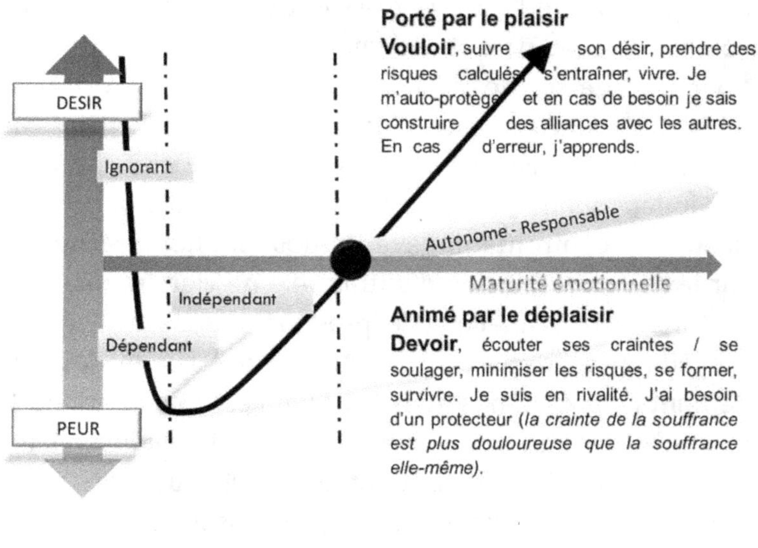

Cette courbe représente les différentes étapes de développement de la maturité émotionnelle idéale.
L'axe horizontal représente un axe temporel lié au développement de l'enfant. A sa naissance, l'enfant est une boule de désir, il attire bon nombre d'adultes, il est majoritairement ignorant des dangers qui peuvent l'entourer, il ressent toutes les émotions, mais il est incapable d'être autonome, il est en haut de la courbe. Les parents vont le protéger et le nourrir, ce qui va le positionner dans une forme de dépendance nourricière et affective. La protection assurée par les parents sera majoritairement jouée en utilisant la peur ou dans l'obéissance (ne fais pas cela sinon...), à peine l'enfant sait-il marcher ou parler, qu'on lui demande parfois de se taire ou de rester assis, c'est ce que l'on observe quand la courbe descend rapidement sous l'axe de maturité émotionnelle. Puis vient une période où la courbe remonte, l'enfant ressent à cette période un désir lié à la reproduction de l'espèce, c'est le désir sexuel, il se rend compte que ses parents ne peuvent pas lui apporter cent pour cent de ses désirs, il va donc chercher à trouver ce désir ailleurs, c'est l'adolescence ponctuée de changements physiologiques importants. Il cherche donc son indépendance, mais reste encore dans une période de devoir, de confrontation avec le pouvoir. Comme indiqué sur la courbe, la notion d'autonomie ne viendra que si sa maturité émotionnelle et l'expression de ses émotions ont été éduquées depuis tous petits et axé sur le désir de l'enfant (pas celui des parents) ce qui est très rarement le cas. Aujourd'hui, la plupart des individus d'une organisation utilisent leur quotient intellectuel et très peu leur quotient émotionnel pour progresser au sein d'une organisation, ils connaissent majoritairement l'obéissance

parce qu'ils n'ont connu que cela, mais cela évolue peu à peu avec de nouvelles générations d'individus intéressés à leur bien-être émotionnel sans compensation, à la connaissance de soi et à un réel engouement pour la protection de la planète. Les comportements liés à la soumission ascétique (liée à la désobéissance vis-à-vis du pouvoir, de la peur du déraisonnable ou d'une perte trop importante de ses propres intérêts, impossible de désobéir), à la soumission déférente (j'obéis en étant critique et en calculant sa dérobade vis-à-vis du pouvoir, émotion souvent associée : le mépris) sont encore largement rencontrés dans nos organisations. Les horreurs vécues lors de la Shoah ; ou l'expérience menée en 1961 par Stanley Milgram, démontre bien jusqu'où peut mener à une obéissance de conformisme. (Alignement de son comportement par rapport à l'autre, ce qui est différent du mimétisme ou de grégarisme). Notre modernité majoritairement accès sur la technique est productrice de nos propres comportements, la remontée la courbe vers l'autonomie est véritablement un droit à la désobéissance, à la prise de responsabilité de son positionnement, en pleine conscience de ses désirs et des conséquences possibles. Elle est liée à la capacité de gérer sa relation avec le pouvoir avec de l'amour et des émotions positives, cela afin de se faire plaisir et répondre à ses désirs.
Obéir, c'est dire « non » à soi en disant « oui » à l'autre.

DEPENDANCE AFFECTIVE

Ce type de dépendance est une vulnérabilité facilement exploitable par un pirate, d'ailleurs le pirate pourrait être lui-même un dépendant affectif.

Cette dépendance nait essentiellement dans l'enfance par l'intermédiaire de deux clés liées au harcèlement fusionnel (à noter qu'il faut être au minimum deux pour fusionner) :

- La parentification : Tu es entièrement responsable de moi, j'ai peur d'être autonome, c'est pourquoi je veux que tu sois responsable de moi à ma place, comme si tu étais mon père ou ma mère (lourde responsabilité donnée très tôt à un enfant, par exemple)
- La loyauté familiale : J'ai tous les droits, tu as tous les devoirs, j'ai peur que tu m'abandonnes, c'est pourquoi je ne reconnaitrai jamais que tu as prouvé ta loyauté.

Les comportements observés chez le dépendant affectif sont assez souvent les suivants : je ne dois pas grandir (j'obéis aux parents), je ne dois pas m'affirmer (dominé par autrui, en retrait), je ne dois pas agir (j'évite de prendre des décisions, auto-sabotage, délégation) et je ne dois pas me séparer (avidité affective, jalousie envahissante), et je ne dis pas ce que je pense (peur du rejet). Ces comportements vont se glisser dans toutes les formes de relation (amoureuses, au travail, amicales, parentales, familiales...).

Les dépendants affectifs comme bon nombre d'individus sont à la recherche d'amour et de fusion. Ils ont obéi ou désobéi en fonctions des désirs parentaux, en pensant le monde à travers la réalité intérieure des parents. Comme j'ai pu l'expliquer au paragraphe précédent, la véritable désobéissance est plutôt le fait d'assumer ses propres choix et ses propres désirs, en dépit de quoi, lorsqu'un enfant fait ou dit quelque chose en étant conscient qu'il ne devrait pas le faire, démontre bien qu'il est soumission. Le dépendant fusionnel à son système de croyances construit sur la possessivité, l'autoritarisme, les bourreaux (bourreaux sauveur, exécuteur…). L'enfant n'est pas digne de confiance, il ne faut pas tenir compte de son avis et de son ressenti et il est souvent soumis des injonctions paradoxales (cf. Gregory Bateson). L'enfant apprend donc à ne pas agir de lui-même, à ne pas ressentir ses émotions et à être lui-même, il développe des insuffisances de la mémoire, peut avoir un faible sens de l'orientation, ne pas être capable d'apprendre une seconde langue, il développe tous types de carences justifiant sa dépendance et compter sur les autres toute sa vie. Animé par l'atychiphobie, ce profil se retrouve paralysé dès qu'il faut qu'il obtienne quelque chose pour lui-même, il reste dépendant. De plus, s'il avait le courage de vivre ses projets de vie, de suivre ses désirs au lieu de suivre une vie comme les autres, il pourrait faire naitre en lui un sentiment de culpabilité existentielle, un sentiment de se gâcher, de se nier, de constituer une faute contre lui-même. Il n'ose pas exister, ce qui provoque une angoisse existentielle lorsqu'il vit avec sa propre authenticité. Toute séparation (réelle et imaginée) génère une angoisse, le profil dépendant se demande « que vais-je faire de moi ? » dès lors qu'il n'est plus dicté par une obligation. Il est évident que le dépendant affectif peut facilement devenir un aidant à l'égard des personnes en détresse, aider les autres est une manière de ne pas s'aider réellement soi-même (transfert), cela anesthésie ses propres questions existentielles, c'est le piège fusionnel ! Il va donc construire un véritable réservoir affectif autour de lui.

Les routines du dépendant fusionnel régulièrement exploitées par les pirates sont les suivantes :

- Besoin permanent de contact (lié à l'angoisse) ;
- Incapacités à fixer ses propres limites ;

- Nourris des sentiments extrêmes ;
- Dévouement extrême ;
- Panique amoureuse (peur de perdre l'autre, jalousie, surveillance);
- Capable d'aimer pour deux et de se couper de ses propres désirs ;
- Vivre à travers l'autre ;
- Obsession autour d'un besoin affectif ;
- Vérifier que ce qui manque n'est pas coupé ;
- Apaise par des compensations (il se dit qu'il ne peut pas être aimé) ;
- Rumination, perte de contrôle ;

Les déclencheurs sont, le doute de soi, l'anxiété permanente, la carence affective, la honte (enfermement psychologique). L'angoisse permanente l'enferme dans la tristesse puisqu'il ne peut pas être libre. Le dépendant affectif ne pose pas trop de questions de peur d'être rejeté, il peut également générer une distance jouée parfois par ses propres parents, autour de secrets de famille.

Ces informations utilisées dans le cadre d'attaque viennent peuvent provenir de documents tels que le DSM-IV (trouble panique) et le CIM-10 (trouble phobique), mais un profil dans la soumission peut d'un coup se rebeller parce que la coupe est pleine, il est donc difficile de prévoir avec exactitude quels seront les comportements des individus vis-à-vis d'un stimulus. Ce qui reste important est l'étalonnage de l'émotion, il est le fruit d'un ressenti émotionnel et d'une métabolisation (accueillir et positiver l'émotion) ; prenons par exemple la tristesse, elle peut avoir été ressentie lors d'un rejet, mais finalement ce rejet vous a peut-être été bénéfique, il vous a été utile pour

ressentir que vous étiez différent des autres, unique en votre genre. Les métabolisations que vous aurez connues vous seront utiles pour accompagner d'autres personnes. Ce qui résume assez bien l'importance de se connaitre soi-même, afin de se reconnaitre et reconnaitre les émotions chez d'autres individus. Sans cette connaissance de soi, vous risquez de vous faire piloter émotionnellement par un pirate, vous deviendrez inconsciemment le pirate de l'intérieur.
Même si détourner et capitaliser des informations reste assez simple à réaliser (via les mails, réseaux sociaux, réseaux insuffisamment protégés), il n'en reste pas moins que les pirates ont besoin d'interpréter les données qu'ils ont dérobées, que ce soit dans le domaine « métier » et que ce soit dans le domaine psychologique, ce qui constitue en soi la nécessité de constituer des équipes et des organisations dédiées aux attaques, il ne vous aura pas échappé que ces équipes existent déjà, elles sont bien réelles ! Il ne vous reste plus qu'à prendre une longueur d'avance, et l'émotion principale qui vous empêche de vous remettre en question est essentiellement la peur. Cela peut se comprendre, se démunir des protections présentes depuis longtemps est déstabilisant, surtout lorsque l'on n'a pas encore ressenti les effets positifs de cette libération constructive.

Conclusion

Les attaques vécues durant les trois dernières années prouvent que les solutions techniques très pointues ou les sensibilisations ne suffisent plus, les comportements humains sont clairement visés. Par ailleurs, nos futurs proches feront émerger de nouvelles menaces liées aux véhicules autonomes, aux objets connectés, aux faux avatars, aux « chatbots », aux jumeaux numériques (modélisation numérique de sites industriels ou d'objets), aux « metaverses », aux tensions sociales, aux neurodroits et à la manipulation socio-psychologique. Les chemins d'attaques vont donc évoluer très rapidement et vont complexifier les modes de détections actuels. Dans ce contexte, une organisation compétitive, équitable, innovante, ouverte et mature émotionnellement sera une organisation capable de détecter les premières phases d'attaques alors que la technologie en sera incapable. Le développement de sa propre maturité émotionnelle s'inscrit pleinement dans une démarche d'amélioration continue et de la prise en compte de l'humain au sens profond, afin qu'il devienne le maillon fort.

Les spécialistes en neurologie le prouvent grâce à de nouvelles technologies d'imagerie et de nombreux ouvrages publiés dans le monde, dans la compréhension des comportements humains, force est de constater que c'est le domaine de l'intelligence émotionnelle qui est le plus avancé. Et pourtant, il semblerait que les gens soient majoritairement intéressés à ne pas se remettre en question, pour l'instant…

L'intelligence émotionnelle est incontournable pour construire un numérique de confiance, développer une cybersécurité plus sure, programmer des algorithmes en y conférant un sens humaniste et pragmatique. Celui de nous connaitre, d'améliorer la relation que nous avons avec nous-mêmes et les autres, d'écouter nos désirs profonds, de donner un sens à nos actions, d'exister !

Conseils sur le doudou numérique

Il vous est possible de vous procurer les documents utiles pour protéger au mieux vos données et vos systèmes d'information, je pense aux douze règles essentielles exprimées dans le « **guide des bonnes pratiques de l'informatique** » (document de l'ANSSI). A cela ajoutons quelques règles dédiées particulièrement au téléphone (doudou numérique), ils représentent avec les objets connectés un potentiel important pour les attaquants.

- Lorsque vous sortez de chez vous, vous fermez votre porte à clé et vous éteignez les lumières. Lorsque vous sortez de chez vous, déconnectez le wifi manuellement de votre téléphone portable (et non automatiquement), ce n'est pas de la paranoïa, mais soyez soupçonneux puisque les attaques sont une réalité. En effet, il est très facile de se connecter à votre téléphone via un équipement acheté facilement sur internet, d'en déterminer l'adresse Mac de votre appareil, les différents endroits ou votre téléphone a tenté de se connecter (historique de connexion). Cela constitue ce qu'on appelle la bergerie, c'est l'endroit où l'on collecte vos informations personnelles. Ces informations peuvent être utilisées pour identifier votre lieu de résidence et programmer un cambriolage. Vos données numériques constituent maintenant un nouveau capital important ou une occasion de savoir comment accéder au système d'informations de l'entreprise dans laquelle vous travaillez.

- Lorsque vous échangez verbalement d'un sujet confidentiel, éteignez vos téléphones et laissez-les à l'extérieur de la pièce. Il faut savoir qu'un téléphone éteint continue d'être actif, vous n'êtes pas à l'abri d'une écoute ;
- Lorsque vous composez le code secret de votre téléphone, faites-le discrètement. Il est très facile de vous filmer ou de vous prendre en photo lorsque vous tapez votre code. Le téléphone est un véritable studio d'enregistrement ;
- N'installez une application que si elle est vraiment nécessaire et n'autorisez pas cette application à avoir accès à des services non utiles à son fonctionnement (par exemple, pour application de lampe de poche, quel est l'intérêt d'autoriser la géolocalisation ?) ;
- Lorsque votre avion vient de se poser, n'allumer pas tout de suite votre téléphone, certains portails aéroportuaires sont équipés d'antennes d'écoute amplifiée et sophistiquée, un bon moyen de collecter quelques données, surtout si votre wifi est activé.
- Ne cliquer par sur des liens, utiliser des messageries sécurisées (Olvid, signal…) et un VPN. Il faut savoir que si les pirates mettent la main sur vos données personnelles et les chiffrent (comme des photos ou des fichiers importants), les demandes de rançons peuvent varier en moyenne de 150 € à 1000 €.

- En cas d'incident, demandez de l'aide à temps : cybermalveillance.gouv.fr
- En règle générale, évitez de laisser votre téléphone dans une pièce (valable également avec un PC) en présence d'enfants et particulièrement des adolescents, il suffit d'une simple clé USB, un jeu téléchargé ou d'une utilisation sur un site non protégé pour contaminer l'ensemble de vos équipements. Il est très facile d'acheter une charge virale sur internet et encore plus facile d'acheter une clé USB capable de griller votre carte mère…
- N'utiliser votre téléphone qu'en cas de nécessité et éviter d'utiliser votre téléphone ou de parler ouvertement de ce qui se passe à votre travail dans le métro, le train, l'avion, le restaurant, un bar… Et oui ! vous n'êtes pas seul !
- Vérifier via « Firefox monitor », vos adresses "mails" corrompues (fuites de données).
- Travailler votre relation avec le pouvoir, cela vous permettra de ne pas appartenir à votre téléphone.
- Je vous invite à réfléchir aux conséquences liées à vos objets connectés non sécurisés.
- Je vous invite à réfléchir aux conséquences liées à votre dépendance numérique et à celle de vos enfants.

Index

A

B

C

D

E

F

G

H

I

L

M

N

P

R

S

T

U

Bibliographie

Antonio DAMASIO (2003). Spinoza avait raison. Odile Jacob.

Antonio DAMASIO (2017). L'ordre étrange des choses. Odile Jacob.

C.G JUNG (1928). Dialectique du moi et de l'inconscient. Folio.

Henri LABORIT (1976). Éloge de la fuite. Folio.

Lionel NACCACHE (2006). Le nouvel inconscient. Odile jacob.

Philippe SILBERZAHN et Béatrice ROUSSET (2019). Stratégie, modèle mental. Diateno EDS.

Mary BARNES (1973) un voyage à travers la folie. Le grand livre du mois.

Konrad LORENZ (1963). L'agression. Flammarion.

Jean MONBOURQUETTE (1997). Apprivoiser son ombre. Points.

P WATZLAWICK, J.WEAKLAND, R.FISCH (1974) Changements. Points.

P WATZLAWICK (1983). Faites vous-même votre malheur. Points.

Aude BERNHEIM et Flora VINCENT (2019). L'intelligence artificielle, pas sans elle. Belin.

Francisco J. VARELA (1989) Invitation aux sciences cognitives. Points

Michel ODOUL (1993) L'harmonie des énergies. Albin Michel.

PM LLEDO (2017) Le cerveau, la machine et l'humain. Odile Jacob.

Franck PAVLOFF (1998). Matin brun. Cheyne.

François LELORD et Christophe ANDRE (1996). Comment gérer les personnalités difficiles. Odile Jacob.

Alexandre Fernandez Toro (2007). Management de la sécurité de l'information. Eyrolles.

ACISSI (2009). Apprendre l'attaque pour mieux se défendre. ENI.

Richard DAVIDSON (2012). Les profils émotionnels. J'ai lu.

Émile SERVAN-SCHREIBER (2018). Super collectif. J'ai lu.

Nathalie CHASSERIAU (2006). Psycho-généalogie au quotidien. Le lotus de l'éléphant.

Evelyne HEYER (2020). L'odyssée des gènes. Flammarion.

Claudine JunienDean, OrnishPierre-Henri Gouyon,
David Khayat, Joël de Rosnay (2018). La révolution épigénétique. Albin Michel.

Anne ANCELIN SCHUTZENBERGER (1993). Aïe, mes aïeux ! Desclée de Brouwer.

Sous la direction de Boris CYRULNIK (2015). Comment fonctionnent nos émotions. Philippe Duval.

Daniel GOLEMAN (1995). L'intelligence émotionnelle. J'ai lu.

Daniel KAHNEMAN (2011). Système 1, Système 2. Flammarion.

Irwin D. YALOM (1989). Le bourreau de l'amour, histoires de psychothérapie. Galaade.

Dan ARIELY (2008). C'est (vraiment ?) Moi qui décide ? Flammarion

Françoise DOLTO (1977). Lorsque l'enfant parait (3 tomes). Poche.

Nicolas MACHIAVEL (1532). Le Prince. Garnier Flammarion.

Hélène Roubeix et Isabelle Filliozat (2003). Le corps messager. Desclée de brouwer

C.Blancot, V.Berthelot, A.Delandsheer (2013). Inondé sous les e-mails, résistez ! / / Hachette pratique

Daniel Kahneman, Olivier Sibony, Cass Sunstein (2021). Noise. odile Jacob.

Charlotte Pudlowski (2021). Ou peut-être une nuit. Grasset.

Frédéric Gros (2017). Désobéir. Albin Michel.

David Kessler et Elizabeth Kubler-Ross (2011). Sur le chagrin et sur le deuil. Pocket.

Cyril Tarquinio (2022). Manuel des troubles psychotraumatiques. Dunod.

Remerciements

Ce livre est l'aboutissement d'une reconversion dans la cybersécurité conjuguée au travail psycho-cognitif que je vis depuis plus de 10 ans.

Je repense encore au jour où j'ai rencontré mon amie Ginette près des murs à pêches de Montreuil, aux premiers mots et regards échangés en 2018, nous avons depuis, exploré ensemble nos chemins du possible, comme elle le dit si bien. De cette graine semée, je me suis rendu compte que le facteur humain dans la cybersécurité demandait à être approfondi ; comme le colibri, j'ai donc entrepris d'apporter ma part à ce monde et en particulier pour les futures générations. On ne peut pas dire que l'intelligence émotionnelle soit un sujet majoritairement présent en France, nous pouvons tout juste sentir un frémissement depuis ces trois dernières années, mais il suscite chez les jeunes un véritable intérêt porteur d'un sens humaniste et je crois sincèrement en leur capacité à améliorer notre relation à la nature à laquelle nous faisons partie.

J'ai navigue entre deux mondes parallèles et je remercie les personnes que j'ai rencontrées dans chacun de ces mondes :

Le premier monde est celui de la cybersécurité, de la technicité et de l'organisation liées au management de la sécurité de l'information, des conférences, des salons, des écoles et des entreprises;

Le second monde est celui de la neurologie conjuguée avec celui de la psychologie, des associations tournées vers l'humanisme, des divers conférenciers comme Antonio Damasio, Émile Servan Schreber avec qui j'ai eu le plaisir d'échanger, aux voyages en chine, en Inde en compagnie de mes amis, et surtout aux personnes qui m'ont accompagné et qui m'accompagne encore de manière psychique et corporelle.

Je remercie les membres de l'université de Paris et ses élèves pour leur confiance et leur enthousiasme, je remercie mon amie Sandra pour son engagement dédié à nos cours reliant la cybersécurité au facteur émotionnel et à la neurobiologie, je remercie mes clients pour leurs vifs intérêts à ce sujet et les échanges que l'on a pu avoir concernant leur métier et autour de mes conférences.

Je remercie également ma famille, mes ami(e)s que ce soit dans l'encouragement ou l'aide qu'ils m'ont apportée durant ces cinq dernières années. Je remercie mes trois enfants pour leur joie et leur sincérité, ils sont pour moi une source d'inspiration et d'amour inconditionnel.

Je tiens également à saluer tout le travail réalisé par l'équipe de « l'Harmattan » et leur confiance, les critiques constructives apportées par mon frère Christophe, Hélène, Fañch pour le dessin de la couverture de ce livre, ma chère et tendre Aurélie, un modèle de minutie, de patience et de bienveillance et enfin mes parents et mes ascendants sans qui je n'aurais jamais su qui je suis.

Cher lecteur, je vous remercie d'avoir partagé avec moi ce temps consacré aux émotions associées au monde de la cybersécurité, j'espère que ce livre vous a inspiré et qu'il a suscité en vous de nouvelles idées propices à votre développement, ainsi qu'à la prise en compte de votre propre responsabilité.

Comment allez-vous mettre en œuvre ce que vous avez appris dans livre ?

Cyrille.

NOTES

NOTES

À suivre...

Structures éditoriales du groupe L'Harmattan

L'Harmattan Italie
Via degli Artisti, 15
10124 Torino
harmattan.italia@gmail.com

L'Harmattan Hongrie
Kossuth l. u. 14-16.
1053 Budapest
harmattan@harmattan.hu

L'Harmattan Sénégal
10 VDN en face Mermoz
BP 45034 Dakar-Fann
senharmattan@gmail.com

L'Harmattan Cameroun
TSINGA/FECAFOOT
BP 11486 Yaoundé
inkoukam@gmail.com

L'Harmattan Burkina Faso
Achille Somé – tengnule@hotmail.fr

L'Harmattan Guinée
Almamya, rue KA 028 OKB Agency
BP 3470 Conakry
harmattanguinee@yahoo.fr

L'Harmattan RDC
185, avenue Nyangwe
Commune de Lingwala – Kinshasa
matangilamusadila@yahoo.fr

L'Harmattan Congo
219, avenue Nelson Mandela
BP 2874 Brazzaville
harmattan.congo@yahoo.fr

L'Harmattan Mali
ACI 2000 - Immeuble Mgr Jean Marie Cisse
Bureau 10
BP 145 Bamako-Mali
mali@harmattan.fr

L'Harmattan Togo
Djidjole – Lomé
Maison Amela
face EPP BATOME
ddamela@aol.com

L'Harmattan Côte d'Ivoire
Résidence Karl – Cité des Arts
Abidjan-Cocody
03 BP 1588 Abidjan
espace_harmattan.ci@hotmail.fr

Nos librairies en France

Librairie internationale
16, rue des Écoles
75005 Paris
librairie.internationale@harmattan.fr
01 40 46 79 11
www.librairieharmattan.com

Librairie des savoirs
21, rue des Écoles
75005 Paris
librairie.sh@harmattan.fr
01 46 34 13 71
www.librairieharmattansh.com

Librairie Le Lucernaire
53, rue Notre-Dame-des-Champs
75006 Paris
librairie@lucernaire.fr
01 42 22 67 13

www.ingramcontent.com/pod-product-compliance
Lightning Source LLC
LaVergne TN
LVHW011017061026
849535LV00006B/1932